Beate Friedrich

PRINCE2®

kurz und bündig

Das Foundation-Wissen kompakt

Dreieich : COPARGO© – 2014

ISBN 978 3-9814827-6-8

3. Auflage
Jahr 2014
© 2014 by COPARGO®, D-63303 Dreieich
www.copargo.de

Dieses Werk basiert auf dem offiziellen Handbuch von PRINCE2: *Erfolgreiche Projekte managen mit PRINCE2*. Zitate hieraus sind in kursiver Schrift gekennzeichnet.

Druck und Bindung:
Mail Boxes Etc. 0157
Forster Business Service e.K.
Beethovenstr. 82
63263 Neu-Isenburg
Printed in Germany

Inhalt

Vorwort

Liebe Leserin, lieber Leser,

in der Projektmanagement-Welt in Deutschland gab es ein Vakuum, was konkrete und erprobte Management-Prinzipien betrifft. Die Beherrschung von Techniken zu Planung und Controlling ist in vielen Lehrbüchern und Fachartikel seit langen Jahren umfassend beschrieben. Ebenso mangelt es nicht an Ausbildungs-und Fortbildungsmodellen, die für verschiedene Zielgruppen adäquates Wissen im Projektmanagement vermitteln. Die Ausbildungsgänge der deutschen Gesellschaft für Projektmanagement (GPM) seien an dieser Stelle beispielhaft erwähnt. Wo tatsächlich Mangel herrschte, war die konkrete Beschreibung der Prinzipien, die eine erfolgreiche Projektumgebung schaffen.

Genau dies setzt PRINCE2 in einer sehr überzeugenden Art und Weise um. Die folgenden Eigenschaften machen PRINCE2 so attraktiv: -Alle notwendigen Wissensgebiete für Projektmanagement sind aufgenommen -Ein klares und konsistentes Prozessmodell liefert einen roten Faden für den Projektverlauf. Die Anpassung auf jede Größe und Art von Projekten ist erläutert –Und schließlich sorgt ein starkes Rollenmodell für „Commited People" -Die ganze Methode ist so auf den Punkt gebracht, dass sie in zwei bis drei Tagen vermittelt werden kann.

Ihr Oliver Buhr

Geschäftsführer COPARGO GmbH

Einführung

Zu diesem Buch

Dieses Taschenbuch ist ideal für Teilnehmer von PRINCE2 Foundation Schulungen und kann als kompakte begleitende Lernlektüre verwendet werden.

- Es umfasst inhaltlich alle prüfungsrelevanten Aspekte von PRINCE2 Foundation.
- Es ist lizenziert durch den Urheber von PRINCE2. Damit ist die Übereinstimmung der Buchinhalte mit PRINCE2 zu 100% sichergestellt.
- Als wertvolle Ergänzung ist die vollständige Auflistung aller Managementprodukte von PRINCE2 mit ihrer Zusammensetzung enthalten.

Es soll aber mehr noch bieten. Über die Zertifizierung hinaus soll es dazu ermuntern, sich auf den Weg zu einem schlanken „Best Practice"-Projektmanagement zu machen. Diesem Zweck ist ein zweiter Teil des Buches gewidmet. Co-Autor Oliver Buhr ist deutscher PRINCE2-Trainer der ersten Stunde und gibt den Lesern aus seiner langjährigen Projektpraxis wertvolle Tipps zur wirkungsvollen Anwendung von PRINCE2. Dieser Buchteil ist gespickt mit Download-Links zu hilfreichen Praxis-tools.

Im Aufbau orientiert es sich nach der Gliederung des offiziellen PRINCE2 Handbuchs *Erfolgreiche Projekte managen mit PRINCE2*, das die Methode in 4 Elemente unterteilt: Die Grundprinzipien, die Themen, die Prozesse und die Anpassung der Methode für das konkrete Projekt. Diese 4 Elemente bestimmen die Hauptkapitel dieses Buches.

Woher kommt PRINCE2?

PRINCE2 bedeutet **PR**ojects **IN** **C**ontrolled **E**nvironments: eine Rahmenmethodik für das Managen von Projekten. Die Methodik wurde 1989 von der britischen Regierungsbehörde OGC, damals noch als PRINCE, veröffentlicht. Seit 2013 wird sie in der Verantwortung des AXELOS Limited weitergeführt.

In ihren Anfängen war die Methodik für Softwareentwicklungsprojekte vorgesehen. Man hat jedoch Mitte der 90er Jahre den Rahmen weiter gespannt und PRINCE2 als generische Methodik entwickelt, die skalierbar und für alle Arten von Projekten anwendbar ist.

Mittlerweile wurden über 700.000 PRINCE2 Foundation Zertifikate in über 100 Ländern abgelegt. Die Methodik ist in 13 Sprachen verfügbar.

Abgrenzung Projekt – Tagesgeschäft

Was genau ist eigentlich ein „Projekt", wo ist die Grenze zwischen „Projekt" und „Tagesgeschäft"? Und wozu braucht man überhaupt eine solche Definition?

PRINCE2 definiert ein Projekt folgendermaßen:

> *Ein **Projekt** ist eine für einen <u>befristeten Zeitraum</u> geschaffene <u>Organisation</u>, die mit dem Zweck eingerichtet wurde, ein oder mehrere <u>Produkte</u> in Übereinstimmung mit einem vereinbarten <u>Business Case</u> zu liefern.*

Erstaunlich ist, dass ein Projekt als eine „Organisation" definiert wird. Diese Organisation wird dafür gebildet, um „Produkte" (Output) zu schaffen, und sobald diese Produkte geliefert wurden, wird sie wieder

*Anmerkung: Die wichtigsten Begriffe der PRINCE2 Terminologie wurden **fett** markiert.*

aufgelöst. Ebenso bemerkenswert ist, dass diese Produkte „in Übereinstimmung mit einem vereinbarten „Business Case"" zu liefern sind. Das bedeutet, es reicht nicht, qualitativ hochwertige Produkte in vereinbarter Zeit herzustellen. Es muss klar sein, dass diese Produkte vom Kunden auch nachgefragt werden, dass sie sich rechnen und dass sie technisch machbar sind.

Damit ist noch nicht die Frage geklärt, wann es notwendig ist, für die Herstellung von neuen Produkten eine eigene Organisation zu schaffen. Was macht ein Projekt zum Projekt?

Es unterscheidet sich vom Business-As-Usual hinsichtlich der folgenden Merkmale:

- **Veränderung**: Ein Projekt schafft „change", es ist die Reaktion auf Veränderungen im Markt, auf technischen Fortschritt, auf wirtschaftliche Zwänge, juristische Vorgaben etc.
- **Befristet:** Projekte sind zeitlich begrenzt. Es gibt einen Projektstart und ein Projektende.
- **Bereichsübergreifend**: Anders als im normalen Geschäftsbetrieb, wo Aufgaben in der vorgegebenen Unternehmensorganisation nach vorgegebenen Prozessen abgewickelt werden, müssen im Projekt verschiedene Abteilungen, unter Umständen sogar mehrere Unternehmen zusammenarbeiten.
- **Einzigartig**: Ein Projekt wird nur einmal in genau dieser Konstellation abgewickelt. Ein zweites Projekt kann ähnlich sein, aber nie gleich.
- **Unsicherheit**: Auf Grund des „change"-Aspektes betreten wir mit einem Projekt auch immer unsicheren Boden. Es liegen oft noch keine Erfahrungswerte vor, und wir wissen auch trotz gründlichster Planung nicht genau, was uns erwarten wird.

Je mehr dieser Merkmale zutreffen, umso sinnvoller ist es, eine Projektorganisation zu schaffen.

Was kann Projektmanagement leisten?

Die PRINCE2-Definition von „Projektmanagement" lautet:

> **Projektmanagement** ist die Planung, Delegierung, Überwachung und Steuerung aller Aspekte eines Projekts. [...]

Auch hier fällt wieder eine Besonderheit in der Definition auf: Die Planung des Projekts ist ebenfalls Aufgabe des Projektmanagements. Damit ist nicht erst die Ablaufplanung gemeint. Die Planung des Projekts setzt schon dort ein, wo die erste Idee für das Projekt steht. Schon dort werden in der Methodik von PRINCE2 Prozesse gefordert, die eine saubere und umfassende Aufstellung (-> Organisation) ermöglichen.

Viele scheuen den vermeintlichen Bürokratismus von Projektmanagementmethoden: „Was nutzt mir der ganze Papierkram, wenn hinterher doch alles ganz anders läuft?" Dazu gibt PRINCE2 folgende Antwort: Nur was man vorher geplant hat, was vorher festgelegt wurde, kann auch hinterher überwacht und gesteuert werden. Aber auch umgekehrt gilt: Nur was gesteuert werden soll (oder kann!), muss vorher geplant und festgelegt werden.

Das heißt, es liegt in der Hand des Projektmanagements, Bürokratismus zu vermeiden und dabei trotzdem ein sauber geplantes Projekt abwickeln zu können.

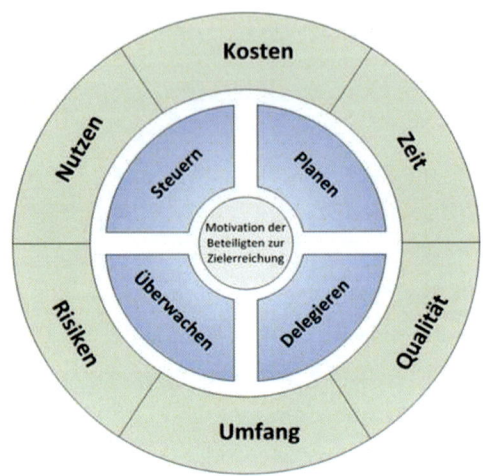

ABBILDUNG 1: PROJEKTMANAGEMENT

Was bedeutet Projektmanagement nach PRINCE2?

Das allgemein bekannte und gelehrte „Magische Dreieck" des Projektmanagement sieht 3 mögliche Aspekte vor, nach denen ein Projekt gemanagt werden soll: Zeit, Kosten und Qualität. PRINCE2 nimmt noch 3 zusätzliche Aspekte dazu und versteht unter Projektmanagement die Planung, Delegierung, Überwachung und Steuerung von **6 Dimensionen** im Projekt:

- Kosten
- Zeitrahmen
- Qualität
- Umfang
- Risiko
- Nutzen

16

An diesen 6 Stellschrauben kann justiert werden, um ein optimales Projektergebnis zu erzielen. Selbstverständlich hat das Drehen an der Kostenschraube Auswirkungen auf andere Dimensionen, beispielsweise die Qualität oder den Umfang („scope"). Eine Verkürzung der Zeitvorgabe könnte das Risiko erhöhen, dass Produkte auf Grund nicht ausreichender Tests fehlerhaft auf den Markt gebracht werden und zurückgerufen werden müssen.

Aufbau von PRINCE2

Die PRINCE2-Methode besteht aus 4 integrierten Bausteinen, auch Elemente genannt. Das sind die

- Grundprinzipien
- Themen
- Prozesse
- Anpassung an die Projektumgebung

ABBILDUNG 2: DIE 4 ELEMENTE VON PRINCE2

1. Die **Grundprinzipien** machen die Erfolgsfaktoren eines PRINCE2-Projekts aus: Sind diese Grundprinzipien nicht erfüllt, ist ein Projekt kein PRINCE2-Projekt.

2. Die **Themen** stellen eine inhaltliche Gliederung der Methode dar. Hier geht es um
   - Business Case
   - Organisation
   - Qualität
   - Pläne
   - Risiken
   - Änderungen
   - Fortschritt

3. *Die* **Prozesse** *definieren die schrittweise Vorgehensweise im Projekt, von der Vorbereitung des Projekts bis zum Projektende. Für jeden Prozess gibt es Festlegungen bzgl. der Aktivitäten und des Outputs.*

4. Das 4. Element ist die **Anpassung an die Projektumgebung**. Ein PRINCE2 Projekt gibt es nicht von der Stange. PRINCE2 schlägt einen Methodik-Rahmen vor, der für jede Art von Projekt verwendet werden kann, ungeachtet der Größe oder der Art des Projekts. Das macht jedoch ein Zuschneiden auf das konkrete Projekt notwendig: Für ein kleines Projekt benötigt man nicht die gleichen umfassenden Steuerungsmittel wie für ein komplexes, großes Projekt.

Best Management Practices

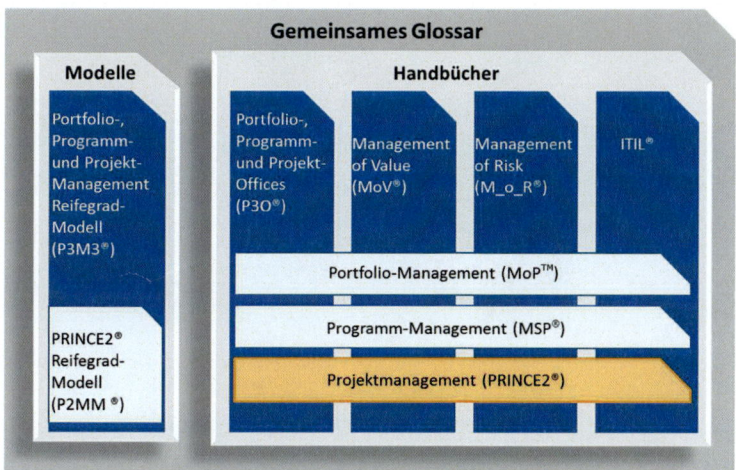

P3M3®, P2MM ®,MoV® ,MoR® und ITIL® sind registrierte Handelsmarken des Cabinet Office in Großbritannien und anderen Ländern.

ABBILDUNG 3: BEST MANAGEMENT METHODEN DER AXELOS LIMITED

(Quelle: Erfolgreiche Projekte managen mit PRINCE2®, AXELOS Limited)

PRINCE2 ist eine der Best Management Practices des **AXELOS Limited**, einer Stabsstelle der britischen Regierung. Neben der Projektmanagementmethode PRINCE2 gibt es noch zahlreiche weitere Best Management Methoden, die sich auf Programme (MSP™), Portfolios (MoP™), Project Offices (P3O®) oder Servicemanagement (ITIL®) beziehen.

Projekt – Programm – Portfolio

PRINCE2 ist eine reine Projekt-Managementmethode. Bei umfassenderen Change-Vorhaben oder Strategie-Vorhaben spricht man von **Programmen** bzw. **Portfolios**:

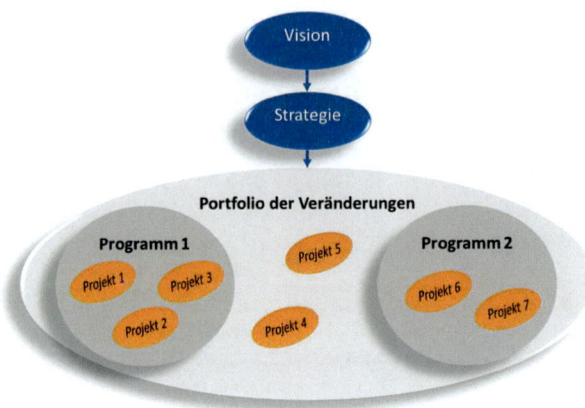

ABBILDUNG 4: PORTFOLIO UND PROGRAMME

Ausgehend von einer Unternehmensvision, entwickelt sich eine Unternehmens**strategie**. Für die Umsetzung dieser Strategie wird ein „Portfolio" geschnürt, das wiederum verschiedene „Programme" und „Projekte" enthält. „Programme" sind länger laufende Veränderungsvorhaben, die zur Umsetzung mehrere Projekte beinhalten. So würde zum Beispiel die Marktausbreitung eines Unternehmens auf ein weiteres Land als ein Programm durchgeführt werden.

Was bietet PRINCE2 nicht?

Die Projektmanagementmethode PRINCE2 liefert keine Sammlung von speziellen Planungs- und Steuerungstechniken. Weil sie für alle Arten von Projekten anwendbar ist, bietet sie auch keine Instrumente und Verfahren für die Unterstützung der Facharbeit. Bewusst ausgeklammert wurden ebenfalls die Kompetenzen in der Führung des Projektmanagementteams. Sie sind ein weites Feld und durch die Festlegung in einer Methodik kaum nutzbringend zu beschreiben.

Die Grundprinzipien

Die PRINCE2-Methodik richtet sich nach 7 Grundprinzipien, die das „Fundament" eines PRINCE2-Projekts ausmachen:

1. Fortlaufende geschäftliche Rechtfertigung
2. Lernen aus Erfahrungen
3. Definierte Rollen und Verantwortlichkeiten
4. Steuern über Managementphasen
5. Steuern nach dem Ausnahmeprinzip
6. Produktorientierung
7. Anpassen an die Projektumgebung

Fortlaufende geschäftliche Rechtfertigung

Ein PRINCE2-Projekt zeichnet sich durch fortlaufende geschäftliche Rechtfertigung aus.

Nach der PRINCE2-Definition eines „Projekts" kann ein Projekt ohne geschäftliche Rechtfertigung gar nicht erst gestartet bzw. fortgeführt werden. Geschäftlich gerechtfertigt heißt dabei, das Projekt muss wünschenswert, lohnend und realisierbar sein. Diese Aspekte werden im sog. **Business Case** dokumentiert. Der Business Case ist essentiell für das Projekt: Ein Projekt wird erst gestartet, wenn es einen genehmigten Business Case gibt, der dies anhand einer Nutzendarstellung, Kostenaufstellung, Zeitvorgabe und Risikoabwägung nahelegt. In vorgegebenen Abständen wird der Business Case im Projektverlauf immer wieder verifiziert, um zu prüfen, ob veränderte Projektumstände vielleicht dazu geführt haben, dass das Projekt eben nicht mehr lohnenswert oder wünschenswert ist. In diesem Fall empfiehlt PRINCE2 den vorzeitigen Abbruch des Projekts (s. auch Kapitel 0).

▶ **PRINCE2 stellt sicher, dass ein Projekt immer am Unternehmensziel ausgerichtet bleibt.**

Lernen aus Erfahrungen

> *PRINCE2-Projektteams lernen aus früheren Erfahrungen: Während der gesamten Laufzeit eines Projekts werden Erfahrungswerte gesammelt, aufgezeichnet und umgesetzt.*

Das Prinzip „Lernen aus Erfahrungen" hat drei Aspekte: Einerseits möchte man zu Beginn eines neuartigen Projekts möglichst aus den Erfahrungen, die in anderen Projekten oder in anderen Unternehmen gemacht wurden, lernen. Natürlich hätte jeder Bauherr beispielsweise gerne einen erfahrenen Architekten. Andererseits sollen die Erfahrungen, die innerhalb der eigens geschaffenen Projektorganisation gemacht wurden, auch weitergetragen werden. Sie müssen von Einzelpersonen unabhängig und strukturiert zur Verfügung gestellt werden. Erfahrungen, die lediglich dokumentiert wurden, ergeben für niemanden einen Nutzen. Dazu kommt, dass im Projektverlauf selbst die gemachten Erfahrungen möglichst unmittelbar so genutzt werden sollten, dass sie eine Verbesserung der Prozesse oder Steuerungsmittel bewirken, um den Projekterfolg zu sichern. Dazu dienen insbesondere die Fortschrittssteuerungsmittel (s. 0, S. 58ff).

Für das Prinzip „Lernen aus Erfahrungen" gilt nicht nur die Bring-, sondern auch die Holschuld.

▶ **PRINCE2 stellt sicher, dass Erfahrungen nicht nur gesammelt, sondern gezielt genutzt werden, um den Projekterfolg zu gewährleisten.**

Definierte Rollen und Verantwortlichkeiten

> *Ein PRINCE2-Projekt hat definierte und vereinbarte Rollen und Verantwortlichkeiten innerhalb einer Organisationsstruktur, in der die Interessen des Unternehmens, der Benutzer und der Lieferanten vertreten sind.*

Für ein PRINCE2-Projekt wird eine eigene Projektorganisation geschaffen, die in einem oft komplexen und bereichsübergreifenden Vorhaben für einheitlich definierte Rollen und Verantwortlichkeiten sorgt.

In diesem Team müssen zwingend die wichtigsten Interessenvertreter des Projekts wirksam vertreten sein: ein Vertreter der geschäftlichen Interessen des Unternehmens, ein Vertreter der Anwender der im Projekt hergestellten Produkte und ein Vertreter der Lieferanten, die die Produkte herstellen. Nur wenn diese Interessen die Verantwortung für ein gemeinsames Projektziel übernehmen, ist ein Projekterfolg für alle Seiten möglich.

▶ **PRINCE2 stellt sicher, dass für das Projekt eindeutige Verantwortungen und Entscheidungskompetenzen festgelegt werden und mögliche untereinander konkurrierende Interessen von Stakeholdern auf einen Konsens für ein gemeinsames Projektziel gebracht werden.**

Steuern über Managementphasen

> *Die Planung, Überwachung und Steuerung eines PRINCE2-Projekts ist nach Phasen gegliedert.*

Die Aufteilung eines PRINCE2-Projekts in Managementphasen hat zwei Hintergründe. Einerseits zollt die Einteilung der Tatsache Rechnung, dass eine aussagekräftige Planung nur auf Grund eines überschaubaren Planungshorizonts möglich ist. Somit wird zwar das Projekt als Ganzes „durchgeplant", die Detailplanung erfolgt jedoch erst zu gegebenem Zeitpunkt unter Berücksichtigung der bis dahin bekannten Fakten. So wird jede Phase erst am Ende der vorhergehenden Phase im Detail geplant.

Ein weiterer Zweck der Aufteilung in Managementphasen ist das bewusste Setzen von Abschnitten, zu denen das Projekt bzgl. seiner geschäftlichen Rechtfertigung auf den Prüfstand gestellt werden soll. Ein Projekt kann erst in die nächste Phase geführt werden, wenn zuvor die geschäftliche Rechtfertigung formal bestätigt und die Phase freigegeben wurde. Im Unterschied zu einer technischen Phase ist die Managementphase also auf Entscheidungspunkte hin ausgerichtet (s. auch 0, S. 58).

> ► **PRINCE2 stellt sicher, dass das Projekt regelmäßig daraufhin überprüft wird, dass es wünschenswert, lohnend und machbar ist, und dass Planungsaktivitäten zeitnah und effizient erfolgen.**

Steuern nach dem Ausnahmeprinzip

> *Ein PRINCE2-Projekt definiert für jedes Projektziel bestimmte Toleranzen, die den Handlungsrahmen für delegierte Befugnisse festlegen.*

Die Verantwortungen der jeweiligen Managementebenen in einem PRINCE2-Projekt sind eindeutig festgelegt. Durch die Delegation von genau beschriebenen Befugnissen auf die darunterliegende Managementebene wird eine höhere Effizienz bei der Aufteilung der Zuständigkeiten erreicht, ohne dass die Verantwortung aus den Händen gegeben wird.

Delegiert werden können Toleranzen in Bezug auf 6 Dimensionen der Projektleistung:

- Kosten (z. B. 100.000 Euro +/- 5.000 Euro)
- Zeit (z. B. 6 Monate +/- 2 Wochen)
- Qualität (z. B. 500g +/- 20mg)
- Umfang (z. B. Festlegung optionaler Produkte)
- Risiko (z. B. bewertetes Risiko < 10.000 Euro)
- Nutzen (z. B. 3-5% Umsatzsteigerung in 3 Jahren)

Zur Sicherstellung, dass diese Toleranzen eingehalten werden, werden geeignete Steuerungsmittel wie Eskalationswege, Statusberichte und Dokumentationsvorgaben eingerichtet.

▶ **PRINCE2 stellt sicher, dass Handlungsspielräume klar definiert werden, bevor Arbeitsaufträge verteilt werden. Dadurch wird die Kluft zwischen Verantwortung und Umsetzung optimal geregelt und ein effizientes Arbeiten auf allen Ebenen ermöglicht.**

Produktorientierung

> *Ein PRINCE2-Projekt ist auf die Definition und Lieferung von Produkten ausgerichtet, wobei der Schwerpunkt auf deren Qualitätsanforderungen liegt.*

Beim Starten eines Projekts muss gleich zu Beginn festgelegt werden, was genau das Projekt liefern soll. Oft gibt es hierüber unterschiedliche Ansichten unter den beteiligten Parteien. Um hier Eindeutigkeit zu erreichen, wird eine Produktbeschreibung erstellt, in der klare und messbare Abnahmekriterien vereinbart werden. Damit sind Umfang und Qualität der erwarteten Projektlieferung objektiv festgelegt.

PRINCE2 kennt **Managementprodukte** und **Spezialistenprodukte:** Managementprodukte werden für das Projektmanagement benötigt (s. Kapitel 0, S. 101), Spezialistenprodukte sind die Produkte, die im Rahmen des Projektes hergestellt werden.

Die Grundlage jeder Planung unter PRINCE2 sind zunächst ausschließlich die Produkte. Erst wenn klar ist, wie das Ergebnis aussehen soll, werden Maßnahmen geplant, die zu diesem Ergebnis hinführen.

> ► **PRINCE2 stellt sicher, dass unterschiedliche Auffassungen von dem, was ein Projekt liefern soll, nicht erst bei Abnahmestreitigkeiten zu Tage treten. Erst wenn das Ziel eindeutig und unmissverständlich festgelegt ist, wird der Weg dorthin eingeschlagen.**

Anpassen an die Projektumgebung

> *PRINCE2 wird angepasst, um auf die speziellen Anforderungen eines Projekts hinsichtlich seiner Umgebung, des Umfangs, der Komplexität, der Wichtigkeit, der Leistungsfähigkeit und des Risikos eingehen zu können.*

Die PRINCE2-Methodik soll für alle Arten von Projekten, ungeachtet ihrer Größe und ihres Umfeldes, anwendbar sein. Eine Projektmanagement-Methodik ist aber nur dann hilfreich und qualitätssteigernd, wenn sie den Anforderungen entspricht, die das Projekt und das Unternehmen erfordern.

Dazu gehört, dass im Unternehmen bestehende Geschäftsprozesse abgebildet werden, dass das Berichtswesen der Größe und Komplexität des Projekts angepasst werden und dass die notwendige Governance im Projektteam gewährleistet werden muss.

Wie dies projektspezifisch erfolgen soll, legen Projektmanager und Lenkungsausschuss gemeinsam in der Projektleitdokumentation fest.

► **PRINCE2 stellt sicher, dass es eine Projektmanagementmethodik gibt, die zwar Vorgaben hinsichtlich der Planung, Steuerung und Kontrolle eines Projekts macht, die aber nicht mit „Kanonen auf Spatzen" zielt, sondern nach dem Prinzip strukturiert ist „so wenig wie möglich, so viel wie nötig".**
Die maßgeschneiderte Methodik für das aktuelle Projekt.

Die Themen

Die PRINCE2-**Themen** gliedern die Projektmanagementmethode in 7 verschiedene Aspekte, die im Projektverlauf kontinuierlich behandelt werden:

1. Business Case (Warum?)
2. Organisation (Wer?)
3. Qualität (Was?)
4. Pläne (Wann, wie viel?)
5. Risiken (Was wäre wenn?)
6. Änderungen (Was sind die Auswirkungen?)
7. Fortschritt (Wo stehen wir?)

Business Case

Inhalt

Eines der zentralen Grundprinzipien von PRINCE2 ist die „fortlaufende geschäftliche Rechtfertigung" eines Projekts. Ein Projekt ist „geschäftlich gerechtfertigt", wenn es sowohl wünschenswert, lohnend, als auch realisierbar ist. Sollte das nicht der Fall sein, sollte es gar nicht erst durchgeführt werden oder aber rechtzeitig abgebrochen werden.

Grundlage einer solchen Entscheidung ist der sogenannte **Business Case**. Er ist eine Zusammenstellung aller wichtigen Informationen für die Beurteilung, inwieweit das Projekt aus Sicht des Unternehmens gerechtfertigt ist. Solche Informationen sind unter anderem die Hintergründe, die zu der Projektidee geführt haben, mögliche Alternativen, der erwartete Nutzen, Zeit, Kosten und Hauptrisiken.

Beispiel eines Business Case

Zusammenfassung

Das Projekt wird in seinen wichtigsten Punkten übersichtlich erläutert.

Gründe

Es wird dargelegt, wie es zu der Projektidee kam. Gründe können beispielsweise die schwache Position gegenüber dem Wettbewerb sein, gesetzliche Vorgaben, eine Neuausrichtung der Unternehmensstrategie o.ä.

Optionen

Zu jedem Projekt gibt es Alternativen: Möchte man beispielsweise eine höhere Kundennachfrage für seine Produkte erzielen, könnte man dies mit Preisaktionen erreichen, aber auch mit Werbekampagnen, höherer Qualität oder einem innovativen Design. Auch eine sog. „Null-Option" gibt es, nämlich die Alternative, kein Projekt durchzuführen und nichts zu unternehmen. Diese Option wird dann wichtig, wenn Projekte sich auf den ersten Blick nicht rechnen, die Option nichts zu tun jedoch erheblich höhere Verluste zur Folge hätte. Beispielsweise verursachen Projekte, die gesetzliche Auflagen erfüllen müssen zumeist nur Kosten. Würde man sie jedoch nicht durchführen, wären möglicherweise erhebliche Strafzahlungen oder der Entzug der Geschäftslizenz die Folge.

Erwarteter Nutzen

Der „erwartete Nutzen" eines Projekts ist definiert als das, was ein Stakeholder als positiv empfindet. In den meisten Fällen sind dies monetäre Aspekte. Nutzen kann aber auch etwas Immaterielles sein. Bestes Beispiel ist die höhere Kundenzufriedenheit.

Bei der Zusammenstellung des Business Case einigen sich alle Parteien auf die Festlegung des Nutzens, den sie vom Projekt erwarten. Um dies nachprüfbar zu machen, muss diese Festlegung aber auch in feste Zahlen „gegossen" werden.

Nutzen sollte immer messbar sein!

Dabei ist zu beachten, dass der Nutzen am Ende eines Projekts in der Regel noch kaum erzielt wurde. Der Nutzen durch die Installation einer Anwendersoftware beispielsweise wird nicht gleichzeitig mit der Installation erzielt, sondern erst im Laufe der darauffolgenden Wochen und Monate, im Betrieb.

Hier unterscheidet PRINCE2 ganz deutlich: Das Projekt bringt einen **Output** (die hergestellten Produkte), mit der Anwendung der Produkte entsteht eine Veränderung, das **Ergebnis** (die Produkte werden im Betrieb genutzt), und erst daraus kann sich der **Erwartete Nutzen** entwickeln, der auch messbar ist.

Negative Nebeneffekte

Negative Nebeneffekte sind Konsequenzen eines Projekts, die von einem Stakeholder als negativ empfunden werden. Sie treten – im Gegensatz zu den Risiken – in jedem Fall auf, wenn das Projekt durchgeführt wird. Beispielsweise kann ein Hotelier die Zimmer eines renovierungsbedürftigen Traktes nicht vermieten, solange dieser umgebaut wird.

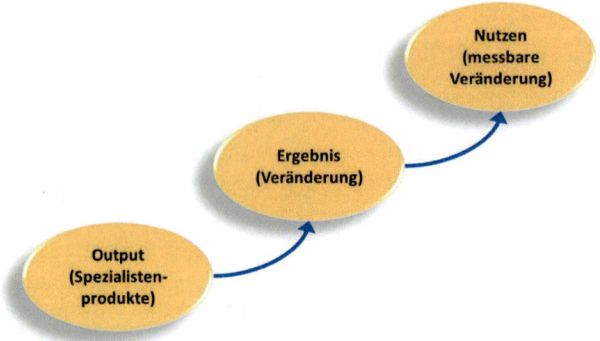

ABBILDUNG 5: OUTPUT, ERGEBNIS, NUTZEN

Zeitrahmen

Ein Projekt hat einen Anfang und ein Ende. Dieser Zeitrahmen wird zu Beginn der Planungen bereits abgesteckt und gesetzt. Zunächst ist diese Zeitplanung sehr vage und beruht auf Schätzungen oder Erfahrungswerten. Im Verlauf des Projekts wird die Einschätzung der Zeitdauer immer realistischer und genauer.

Es wird jedoch nicht nur die Zeit bis zum Projektende festgelegt, sondern auch der Zeitpunkt, zu dem die Erreichung des Nutzens erwartet wird, also zum Beispiel die Umsatzsteigerung von 15% nach 3 Jahren.

Kosten

Hier werden die Kosten des Projektes aufgeführt. Darin enthalten sind die Kosten für die Herstellung der Produkte, die Kosten für das Projektmanagement und die Kosten der Finanzierung.

Für eine Aussage bzgl. der geschäftlichen Rechtfertigung des Projekts ist es aber auch wichtig, sich die ggf. höheren Betriebskosten anzuschauen, die nach Projektende anfallen. Auch sie gehören in diese Aufstellung.

Investitionsrechnung

Die Investitionsrechnung des Projekts soll in messbaren Zahlen zeigen, dass das Projekt „lohnend" ist. Dafür werden die erwarteten Nutzen den geplanten Kosten gegenübergestellt. Denkbare Verfahren sind bspw. Amortisationsrechnungen, Kapitalwertanalyse u.ä.

Hauptrisiken

Hauptrisiken sind Risiken, die so schwerwiegend sind, dass sie bei Eintritt die geschäftliche Rechtfertigung des Projekts in Frage stellen. Bereits identifizierte Hauptrisiken sollten bewertet werden und ggf. mögliche Maßnahmen empfohlen werden. Ziel ist es, Entscheidungen bzgl. der Risiken bewusst vorzubereiten und zu treffen.

Entwicklung eines Business Case

Noch bevor die Entscheidung zur Durchführung eines Projektes getroffen wird, wird im Prozess **Vorbereiten eines Projekts** ein erster **Business Case Entwurf** erstellt. Die darin enthaltenen Informationen basieren noch auf groben Schätzungen, auf Erfahrungen aus ähnlichen Projekten - in der Regel also auf Planungsannahmen, die noch nicht detailliert belegt werden können.

Ist die Entscheidung für die Realisierung des Projekts gefallen, wird eine detailliertere Planung notwendig, um aussagekräftige Aussagen bezüglich des erhofften Nutzens des Projekts treffen zu können. Diese Informationen werden im Prozess **Initiieren eines Projekts** zusammengestellt und fließen in den **Detaillierten Business Case** ein.

Dieser **Detaillierte Business Case** wird im Verlauf des Projekts als Grundlage für alle projektrelevanten Entscheidungen hinzugezogen, seien es Änderungen, Risiken, Nutzenbewertungen o.ä. Insbesondere am Übergang von einer Projektphase in die Nächste ist eine Bewertung des Projekts und seiner geschäftlichen Rechtfertigung anhand des **Business Case** zwingend vorgegeben.

Letztmalig wird zum Ende des Projekts der ursprüngliche **Detaillierte Business Case** als Grundlage für die abschließende Projektbewertung genommen: Ist davon auszugehen, dass der erwartete Nutzen realisiert werden kann? Hat das Projekt den vorgegebenen Zeitrahmen eingehalten? Wie viel hat das Projekt tatsächlich gekostet?

Nutzenrevisionsplan

Da sich der Großteil des Nutzens eines Projekts in der Regel erst nach Projektende, nämlich im laufenden Betrieb zeigt, bietet PRINCE2 ein weiteres Produkt, das zeigen soll, inwieweit die im Projekt entstandenen Produkte tatsächlich den erhofften Nutzen realisieren konnten: den **Nutzenrevisionsplan**. In ihm sind alle vom Projekt erwarteten Nutzen aufgelistet und mit allen relevanten Daten zur Nutzenmessung verknüpft: Der Zeitpunkt der Messung, dem Messverfahren, dem Verantwortlichen für die Messung etc. Der Nutzenrevisionsplan wird am Ende des Projekts vom Lenkungsausschuss an einen Verantwortlichen übergeben und von diesem weitergeführt.

Managementprodukte

- Business Case
- Nutzenrevisionsplan

Organisation

Inhalt

PRINCE2 definiert ein Projekt als eine „für einen befristeten Zeitraum geschaffene Organisation [...]". Es geht darum, Stakeholder im Projekt zu identifizieren, definierte Rollen und Verantwortlichkeiten für das Projektmanagementteam festzulegen (s. Grundprinzip **Rollen und Verantwortlichkeiten**, S. 23) und geeignete Kommunikationsstrukturen zu vereinbaren.

Die vier Managementebenen

PRINCE2 schlägt eine vierstufige Managementhierarchie vor: Das **Unternehmens- oder Programmmanagement** überträgt dem Projekt das Projektmandat mit dem dazugehörigen Budget und einem definierten Handlungsspielraum. Innerhalb des Projektmanagementteams gibt es wiederum drei Ebenen: Lenken (Lenkungsausschuss), Managen (Projektmanager) und Liefern (Teammanager).

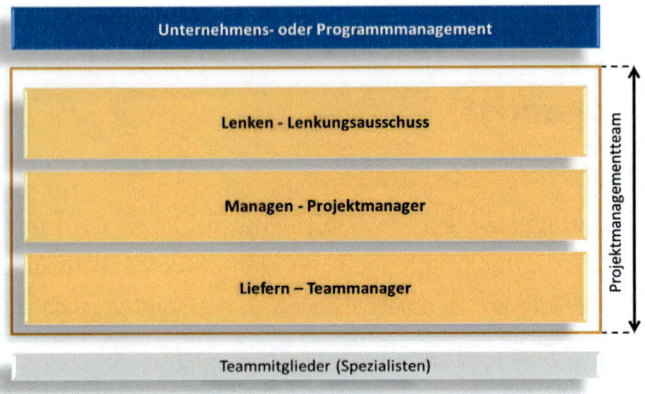

ABBILDUNG 6: 4 MANAGEMENTEBENEN
(Quelle: Erfolgreiche Projekte managen mit PRINCE2®, AXELOS Limited)

Der **Lenkungsausschuss** bildet das oberste Entscheidungsgremium im Projektmanagementteam. Ihm wird die Verantwortung für das Projekt vom Unternehmens- oder Programmmanagement übertragen.

Der **Projektmanager** ist der Verantwortliche für das Tagesgeschäft. Er steuert das Projekt im Auftrag des Lenkungsausschusses.

Der **Teammanager** ist verantwortlich für die Herstellung und Abnahme der Produkte. Ihm werden vom Projektmanager Arbeitspakete zugewiesen.

Jede Managementebene erhält einen Auftrag inkl. Kompetenzen und Verantwortlichkeiten von der jeweils oberen Ebene zugewiesen. Bei Überschreiten dieser Kompetenzen (Toleranzen) wird an die jeweils höhere Ebene eskaliert (s. Grundprinzip **Steuern nach dem Ausnahmeprinzip**, S. 25).

Rollen und Verantwortlichkeiten

PRINCE2 definiert für das zu bildende Projektmanagementteam feste Rollen und damit verbundene Verantwortlichkeiten. Auf der Basis dieses Rollenschemas werden die vorgegebenen Rollen mit denjenigen Personen (**Stakeholdern**) besetzt, die für diese Rolle am geeignetsten sind.

Die verschiedenen Projektinteressen

In einem Projekt müssen mehrere Interessengruppen zusammengebracht werden. Sie alle müssen sich auf ein Projektziel verpflichten. Wie kann das gehen? PRINCE2 geht bei einem Projekt von einer **Kunden-Lieferanten-Beziehung** aus: Der Kunde möchte etwas haben und bezahlt es, der Lieferant stellt es her. Dabei muss man auf Kundenseite noch unterscheiden zwischen demjenigen, der das Projekt finanziert und die strategischen Unternehmensziele im Blick haben muss (**Auftraggeber**), und denen, die mit den im Projekt hergestellten Produkten im Betrieb arbeiten werden (den **Benutzern**).

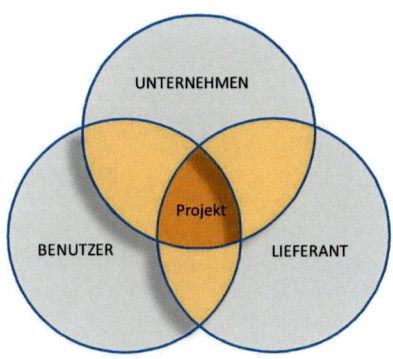

ABBILDUNG 7: DIE 3 PROJEKTINTERESSEN
(Quelle: Erfolgreiche Projekte managen mit PRINCE2®, AXELOS Limited)

Diese wichtigsten Projektinteressen müssen im Lenkungsausschuss des Projektmanagementteams vertreten sein.

Der **Auftraggeber** vertritt die Interessen des Unternehmens und ist Geldgeber. Diese Rolle kann nur von einer einzigen Person wahrgenommen werden. Sie entscheidet in letzter Instanz, sollte der Lenkungsausschuss zu keiner Einigung kommen.

Der **Benutzervertreter** vertritt die Interessen der Anwender. Er hat die Verantwortung dafür die Produkte zu definieren, die in der Lage sein könnten, im Betrieb den erhofften Nutzen für das Unternehmen zu generieren, und er ist für die Erzielung des Nutzens verantwortlich.

Der **Lieferantenvertreter** vertritt die Interessen der Lieferanten. Lieferant ist hier der Hersteller von Produkten – intern oder extern. Er trägt dafür Sorge, dass die Qualität der Produkte entsprechend den Kundenerwartungen geplant und dann auch erreicht wird. Dazu stellt er ausreichend kompetente Ressourcen zur Verfügung.

ABBILDUNG 8: PROJEKTMANAGEMENTTEAM
(Quelle: Erfolgreiche Projekte managen mit PRINCE2®, AXELOS Limited)

Der Lenkungsausschuss hat die Möglichkeit, bestimmte Aufgaben zu delegieren. Kontroll- und Beratungsaufgaben können z. B. auf die sog. **Projektsicherung** übertragen werden. Hierunter fallen Kontrollfunktionen wie beispielsweise das Controlling oder Revisionen und Audits. Aber auch Beratungsfunktionen fallen darunter, wie z. B. die Rechtsberatung bei der Vertragsgestaltung oder geeignete Prüf- oder Testverfahren im Rahmen des Qualitätsmanagements.

Ebenso kann ein **Änderungsausschuss** vom Lenkungsausschuss bestimmt werden, dem in gewissem Rahmen Kompetenzen zugewiesen werden, um über Änderungen zu entscheiden. Dazu gehört auch ein vereinbartes Änderungsbudget.

Der **Projektmanager** übernimmt im Auftrag des Lenkungsausschusses die Steuerung und Kontrolle des Projekts. Hierzu gehört das Zuweisen von Arbeitspaketen an die Teams, die Statuskontrolle, Bearbeitung von offenen Punkten und die Beurteilung von Risiken. Der Projektmanager hat die Aufgabe, das Projekt hinsichtlich Zeit, Kosten, Qualität, Umfang, Nutzen und Risiken zum Ziel zu führen. Auch diese Rolle kann nur von einer einzigen Person wahrgenommen werden.

Zur Unterstützung der administrativen Projektsteuerungsaufgaben kann dem Projektmanager und den Teammanagern ein Projektbüro zur Seite gestellt werden, die **Projektunterstützung**. Diese Rolle würde beispielsweise die Pflege der Register oder das Schreiben von Berichten übernehmen.

Sowohl Projektmanager als auch Projektsicherung müssen personell von der Rolle der Projektsicherung getrennt sein.

Die Steuerung von Arbeitspaketen wird auf der Ebene **Liefern** von **Teammanagern** ausgeführt, sofern diese Rolle nicht vom Projektmanager selbst übernommen werden kann.

Die Personen im Projektmanagementteam können – je nach Größe und Komplexität des Projekts – auch mehrere Rollen besetzen, sofern die Rollen des Lenkungsausschusses und der Projektsicherung unabhängig vom Projektmanager bleiben. Die Rolle des Benutzer- und Lieferantenvertreters kann mit mehreren Personen besetzt werden.

Kommunikationsmanagementstrategie

Für die neu geschaffene Projektorganisation müssen eigene Regeln für die Kommunikation definiert werden. Diese werden in der sog. Kommunikationsmanagementstrategie festgehalten. Hier ist definiert, welche Stakeholder wie über das Projekt informiert werden sollen und welche Kommunikationswege vorgesehen sind.

Managementprodukte

- Kommunikationsmanagementstrategie

Qualität

Inhalt

Qualität nach PRINCE2 bedeutet das Erfüllen der Kundenerwartungen („fit for purpose"). Qualität wird also subjektiv empfunden. Sie richtet sich nach den Wünschen und Bedürfnissen des Kunden, die am Anfang der Qualitätsplanung stehen.

Der Weg von den Kundenqualitätserwartungen bis zur Abnahme des Projektendprodukts wird im PRINCE2 **Qualitätskontrollpfad** beschrieben.

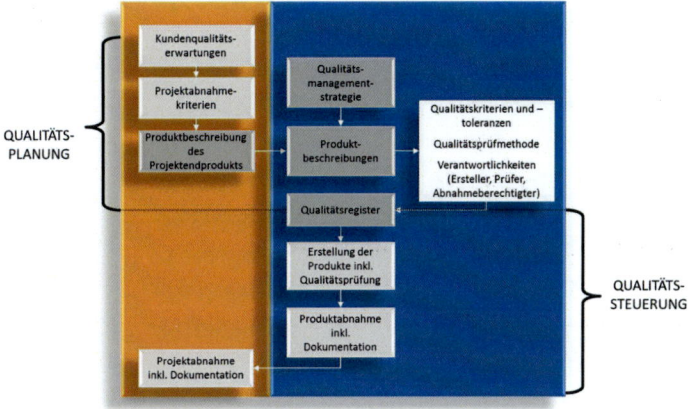

ABBILDUNG 9: QUALITÄTSKONTROLLPFAD
(Quelle: Erfolgreiche Projekte managen mit PRINCE2®, AXELOS Limited)

Qualitätsplanung

Bereits vor dem Projektstart, im Prozess **Vorbereiten eines Projekts**, müssen daher die **Kundenqualitätserwartungen** definiert werden. Das können ganz allgemeine Eigenschaften sein, wie z. B. „bedienerfreundlich" oder „robust". Kunden und Lieferanten können zunächst eine unterschiedliche Auffassung von der Qualität haben, die das zu erstellende Produkt erreichen soll. Um ein gemeinsames, objektives Qualitätsverständnis zu erreichen, werden konkrete und messbare Kriterien festgelegt, die **Projektabnahmekriterien**. Ein konkretes Abnahmekriterium für „bedienerfreundlich" wäre z. B. „9 von 10 Testpersonen müssen mit höchstens 3 Klicks auf der Website einen Ansprechpartner für ihr Anliegen finden". Kundenqualitätserwartungen und Projektabnahmekriterien werden in der **Produktbeschreibung des Projektendprodukts** festgehalten.

Ist die Freigabe für das Projekt erfolgt, wird im Prozess **Initiieren eines Projekts** festgelegt, welche Regeln für die Qualitätsplanung und –

41

steuerung im Projekt gelten werden, und welche Verfahren, Prüfmethoden und Tests angewendet werden sollen. Diese Regeln werden in der **Qualitätsmanagementstrategie** dokumentiert. Sie leiten sich üblicherweise aus den Qualitätsstandards des Unternehmens ab.

Ein weiterer Schritt der Qualitätsplanung ist die Erstellung einer **Produktbeschreibung** für alle wichtigen Produkte des Projekts. In diesem Managementprodukt werden die zu erfüllenden **Qualitätskriterien** festgelegt, die Qualitätsverfahren (Test-, Prüf- und Abnahmeverfahren) und die Qualitätsverantwortlichen (Hersteller, Prüfer, Abnahmeberechtigter).

All diese Informationen werden im sog. **Qualitätsregister** festgehalten, einem regelmäßig gepflegten Verzeichnis, das dem Projektmanager zur Qualitätssteuerung dient.

Qualitätssteuerung

In den Ausführungsphasen des Projekts erfolgt die Qualitätssteuerung gemäß den zuvor festgelegten Regeln, den definierten Verfahren und Abnahmen. Für jedes Produkt werden die betreffenden Qualitätsaktivitäten im Qualitätsregister eingetragen und fortgeschrieben, so dass der Projektmanager jederzeit Einblick in den Status der Produkte hat. Hier kann er nachsehen, wann die Abnahme eines Produkts geplant ist, mit welchem Erfolg ein Test verlaufen ist oder wer als Hersteller des Produkts benannt wurde. Die Abnahme der Produkte erfolgt gemäß der Vereinbarungen, die in der jeweiligen Produktbeschreibung festgehalten wurden.

Am Ende des Projekts erfolgt die Prüfung der **Projektabnahmekriterien** durch den Projektmanager. Sind diese erfüllt, schlägt er dem Lenkungsausschuss den Abschluss des Projektes vor.

Qualitätssicherung

Die Qualitätssicherung wird unter PRINCE2 als Aufgabe der Unternehmens- oder Programmorganisation gesehen, also unabhängig vom Projekt. Sie hat zu prüfen, inwiefern das Projekt die Standards und Richtlinien des Unternehmens einhält. Sie ist nicht zu verwechseln mit der Projektsicherung, die zwar unabhängig vom Projektmanager, nicht aber vom Projekt ist.

Qualitätsprüfungstechnik

PRINCE2 stellt eine mögliche Technik zur Abnahme von Produkten vor, die **Qualitätsprüfungstechnik**. Sie eignet sich insbesondere für Produkte, die eher subjektiv empfunden werden und für die es daher keine objektiven Qualitätskriterien gibt, beispielsweise Konzepte. Besonders nützlich ist sie, wenn mehrere unterschiedliche Stakeholder beteiligt sind.

Die Qualitätsprüfungstechnik läuft folgendermaßen ab: Ein Produkt wird verschiedenen **Prüfern** zur Vorabprüfung zur Verfügung gestellt. Diese teilen dem **Vorsitzenden** mit, inwieweit das Produkt ihrer Ansicht nach abgenommen werden kann. Der Vorsitzende sammelt die unterschiedlichen Rückmeldungen und beruft eine Qualitätsprüfungssitzung ein. Der **Produktpräsentator** (in der Regel der Ersteller des Produkts) stellt das Produkt vor, der Vorsitzende berichtet über die Rückmeldungen der Prüfer. Daraufhin wird im Verlauf der Sitzung auf einen Konsens hingearbeitet, der die Abnahme des Produkts bestätigt. Die Abnahme kann direkt erfolgen, mit Einschränkungen (falls kleinere Nachbesserungen notwendig sind), oder sie wird abgelehnt. Das Ergebnis der Sitzung wird vom **Prüfungsadministrator** dokumentiert.

Managementprodukte

- Qualitätsmanagementstrategie
- Produktbeschreibung des Projektendprodukts
- Produktbeschreibungen
- Qualitätsregister

Pläne

Inhalt

Das Thema Pläne beschäftigt sich damit, wer wann was wie liefert. Ein Plan nach PRINCE2 Verständnis liefert also nicht nur Informationen zu Zeit oder Kosten, sondern ist viel umfassender zu verstehen.

Planungsebenen

Ausgehend von den verschiedenen Managementebenen im Projektmanagementteam gibt es bei PRINCE2 auch für jede Ebene einen entsprechend aufbereiteten Plan: Einen umfassenden **Projektplan** für den Lenkungsausschuss, der die wichtigsten Hauptprodukte des Projekts enthält und sich über die komplette Projektlaufzeit erstreckt. Für jede Phase wird ein eigener **Phasenplan** erstellt, der detailliertere Informationen für die tägliche Arbeit des Projektmanagers aufführt. Auf der Managementebene „Liefern" steht es dem Teammanager frei, einen **Teamplan** zu erstellen. Er enthält die Aktivitäten seines Arbeitspaketes.

Jeder Plan stellt der jeweiligen Managementebene die Informationen in dem Detailgrad zur Verfügung, die diese benötigt.

Produktbasierte Planung

Die **Produktbasierte Planung** ist eine von PRINCE2 empfohlene Planungstechnik. Dabei wird bewusst nicht mit der Aktivitätenplanung begonnen, sondern zunächst mit der Planung der Produkte.

Ausgehend von der **Produktbeschreibung des Projektendprodukts** wird ein sog. **Produktstrukturplan** erstellt. Der Produktstrukturplan gliedert die Hauptprodukte des Projekts in weitere Unterebenen, bis eine vollständige Aufstellung aller vom Projekt zu liefernden Produkte erreicht ist. Durch diese Top-Down-Methode sinkt das Risiko, einzelne Produkte bei der Planung zu übersehen. Es werden auch Produkte mit eingeplant, die nicht vom Projekt selbst hergestellt werden, die aber notwendig sind für die Herstellung des Projektendprodukts, sog. **Externe Produkte**. Auf diese Produkte hat der Projektmanager keinen direkten Einfluss, ist aber auf sie angewiesen. Er sollte sie daher in seiner Risikobewertung berücksichtigen.

Alle Produkte werden anschließend in einer **Produktbeschreibung** eindeutig definiert. Damit soll erreicht werden, dass Planer und Ersteller ein möglichst gemeinsames Verständnis davon haben, was genau geliefert werden soll. In den Produktbeschreibungen werden auch alle Qualitätsaktivitäten festgehalten, die ebenfalls zur Planung gehören.

Ist das erfolgt, werden die einzelnen Produkte in eine logische Reihenfolge gebracht und in einem **Produktflussdiagramm** dargestellt.

Diese produktbasierte Planung wird dann als Grundlage für Zeit- und Kostenschätzungen genommen. Jetzt erst werden Aktivitäten geplant und mit Aufwänden belegt.

Das Planungsverfahren ist in der nachfolgenden Grafik dargestellt:

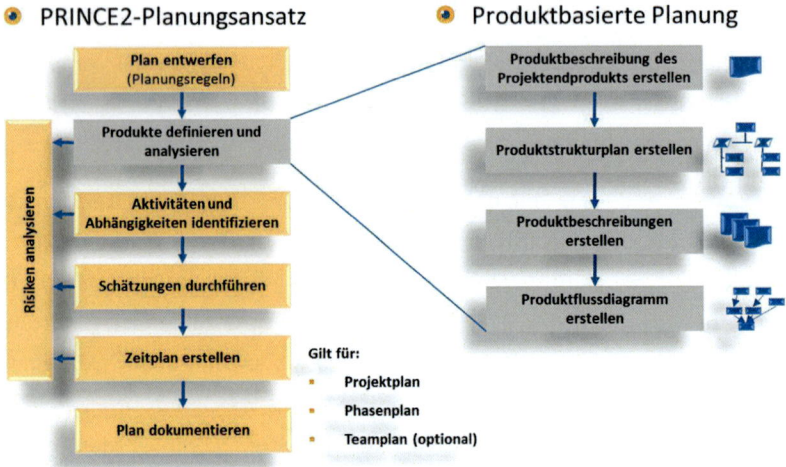

ABBILDUNG 10: PLANUNGSVERFAHREN
(Quelle: Erfolgreiche Projekte managen mit PRINCE2®, AXELOS Limited)

Dieses Planungsverfahren wird für jede Planungsebene durchgeführt. Dabei werden die Produkte je nach benötigtem Detailgrad in mehr oder weniger Ebenen heruntergebrochen.

Risiken

Inhalt

Dass ein Projekt Risiken birgt, liegt auf der Hand. Denn Projekte sind neuartig, bereichsübergreifend und in ihrer Aufgabenstellung oftmals komplex. Ziel eines guten Projektmanagements ist es also, diese Risiken rechtzeitig zu erkennen, aussagekräftige Analysen und Bewertungen vorzunehmen und gezielte Maßnahmen zur Steuerung der Risiken einzuleiten.

Definition „Risiko"

Der Begriff **Risiko** ist *ein Ereignis bzw. eine Gruppe von Ereignissen, deren Eintreten ungewiss ist, aber deren Eintreten Auswirkungen auf die Erreichung der Ziele haben wird.*

Dabei wird unterschieden in negativen Auswirkungen (**Bedrohungen**) und positiven Auswirkungen (**Chancen**).

ABBILDUNG 11: RISIKOBESCHREIBUNG
(Quelle: Erfolgreiche Projekte managen mit PRINCE2®, AXELOS Limited)

Ein Risiko hat immer eine **Ursache**. Sie beschreibt die „Quelle" eines Risikos oder einen Zustand, durch den das Risiko ausgelöst werden kann.

Das **Risikoereignis** selbst ist die *Erläuterung der Unsicherheit bezogen auf die Bedrohung oder Chance.* Es beschreibt den Zustand, wenn das Risiko eintreten würde.

Das tatsächliche Eintreten des Risikos hätte dann bestimmte **Auswirkungen** auf die Projektziele.

Ein korrekt beschriebenes Risiko wäre beispielsweise:

„Weil unsere Produktentwicklung ein halbes Jahr länger dauert, könnte der Wettbewerber sein ähnliches Produkt schneller auf den Markt bringen als wir. Damit gingen wichtige Marktanteile verloren und wir könnten die erwarteten Verkaufszahlen nicht mehr erreichen."

Risikomanagementverfahren

Das Risikomanagementverfahren unter PRINCE2 beschreibt 5 Schritte:

- Identifizieren
- Bewerten
- Planen
- Implementieren
- Kommunizieren

Identifizieren

Der erste Schritt im Risikomanagementverfahren besteht darin, das Projektumfeld auf mögliche Risiken hin zu untersuchen und festzustellen, mit welchen Verfahren und Techniken diese Risiken im Projekt erkannt, bewertet und gesteuert werden sollen. Diese Vorgehensweise wird in der **Risikomanagementstrategie** (s.u.) vereinbart. Mögliche Anhaltspunkte können dabei das Projektmandat sein, eine Stakeholderanalyse oder Auflagen von Behörden.

Risikoworkshops haben sich als eine pragmatische Technik erwiesen, um eine umfassende Sicht auf potenzielle Chancen und Bedrohungen für das Projekt zu erhalten. Sie können mit Hilfe von Risikostrukturplänen gut thematisch gruppiert und weiter heruntergebrochen werden.

Die ermittelten Risiken werden im Risikoregister eingetragen und Frühwarnzeichen für jedes Risiko definiert.

Bewerten

Die identifizierten Risiken werden daraufhin bewertet. Sie werden hinsichtlich ihrer **Eintrittswahrscheinlichkeit** und **Auswirkungen** eingeschätzt. Die Ergebnisse werden im Risikoregister dokumentiert, welches die Grundlage für die Risikosteuerung ist. Die grafische Darstellung in Risikoprofilen dient einem besseren Überblick.

Risiken, die oberhalb der **Risikotoleranzgrenze** liegen, werden bspw. an den Lenkungsausschuss eskaliert. Risiken darunter werden ohne Eskalation mit Risikobehandlungsmaßnahmen versehen. Es kann auch eine untere Grenze definiert werden, unter der Risiken akzeptiert werden.

Die Gesamt-Risikobelastung des Projekts, also die Summe aller bewerteten Risiken, muss mit ausschlaggebend sein bei der Entscheidung, ob das Projekt tatsächlich durchgeführt bzw. weitergeführt werden soll.

Planen

Auf Grund der ermittelten Bewertungsergebnisse werden zur Steuerung des Risikos verschiedene Maßnahmen erwogen. Dabei können sich Maßnahmen auf die Eintrittswahrscheinlichkeit richten oder auf die Auswirkungen oder aber auf beide.

Zu beachten ist, dass das Treffen von Maßnahmen zur Folge haben kann, dass durch die veränderte Planung ggf. neue Risiken auftreten, die wiederum bewertet werden müssen.

Bedrohungen	Chancen
Vermeiden	Ergreifen
Reduzieren (Wahrscheinlichkeit / Auswirkung)	
Eventualfall (reduziert Auswirkung)	Steigern
Übertragen (Dritter übernimmt finanzielle Auswirkungen)	
Teilen	Teilen
Akzeptieren	Ablehnen

(Quelle: Erfolgreiche Projekte managen mit PRINCE2®, AXELOS Limited)

Für die Finanzierung dieser Maßnahmen kann im Projektbudget ein bestimmter Betrag reserviert werden. Dieses **Risikobudget** kalkuliert sich aus der Anzahl der Risiken und ihrer Bewertung hinsichtlich ihrer Wahrscheinlichkeit und dem erwarteten monetären Schaden.

Implementieren

Jedes Risiko wird einem Verantwortlichen zugewiesen, dem **Risikoeigentümer**. Er hat dafür zu sorgen, dass geeignete Maßnahmen durchgeführt werden, und sie dann auf ihre Effektivität hin zu überprüfen.

Er kann für die verschiedenen Maßnahmen geeignete **Risikobearbeiter** einsetzen, die die Risikomaßnahme tatsächlich umsetzen. Für ein Risiko können somit auch mehrere Risikobearbeiter eingesetzt werden.

Kommunizieren

Für eine effektive Risikosteuerung ist es wichtig, dass Risiken fortwährend an die betreffenden Stakeholder kommuniziert werden. Insbesondere ist ein gutes Risikomanagement darauf angewiesen, umfassend über neu erkannte Risiken informiert zu werden. Die Basis ist also eine gut funktionierende, in beide Richtungen laufende Kommunikation.

Risikomanagementstrategie

Die Beschreibung dieses Risikomanagementverfahrens, die Festlegung einer Bewertungsmatrix, eines Risikobudgets und der Befugnisse und Verantwortlichkeiten, werden in der **Risikomanagementstrategie** des Projekts vorgegeben.

Die Risikomanagementstrategie wird in hohem Maße von der zu Grunde liegenden **Risikobereitschaft** des Unternehmens abgeleitet. Sie spiegelt wieder, welches Ausmaß an Risiken ein Unternehmen als akzeptabel erachtet.

Managementprodukte

- Risikoregister
- Risikomanagementstrategie

Änderungen

Inhalt

Es ist unvermeidlich, dass in einem Projekt Ereignisse auftreten, die in der ursprünglichen Planung nicht vorgesehen waren. Manchmal ist es sinnvoll, von der ersten Planung bewusst abzuweichen, weil sich die Umstände geändert haben oder ein wichtiger Bestandteil vergessen wurde.

Wichtig ist es jedoch zu verhindern, dass **offene Punkte** mit Auswirkungen auf die Projektziele ungesteuert bearbeitet werden. Dazu ist es einerseits notwendig, eine allgemeingültige Baseline

(Bezugskonfiguration) zu definieren, und andererseits ein strukturiertes Änderungsverfahren für die Bewertung der Konsequenzen anzuwenden.

Offene Punkte sind Ereignisse, die eingetreten sind, die aber nicht geplant waren. Sie werden in 3 Kategorien eingeteilt:

- **Spezifikationsabweichung**
  Ein Ereignis betrifft ein Produkt, das die zuvor festgelegte Spezifikation nicht erfüllt bzw. bei dem dies absehbar ist, oder auch ein fehlendes Produkt
- **Änderungsantrag**
  Ein Vorschlag, der Änderungen an Produkten zur Folge hätte, die bereits definiert sind (in einer Baseline)
- **Problem / Anliegen**
  Alle übrigen Ereignisse, die in den Aufgabenbereich des Projektmanagers gehören und den Plan beeinflussen können

Steuerungsmittel

In der Initiierungsphase vereinbaren Projektmanager und Lenkungsausschuss die Verfahren zur Behandlung von Änderungen in der **Konfigurationsmanagementstrategie**. Auch die notwendigen Managementprodukte, Techniken und Verantwortlichkeiten werden definiert.

Bspw. kann ein **Änderungsausschuss** eingerichtet werden. Er prüft und genehmigt **Änderungsanträge** im Auftrag des Lenkungsausschusses. Dazu kann er ein festgelegtes **Änderungsbudget** erhalten, über das er gemäß der ihm vergebenen Kompetenzen verfügen darf. Der Betrag dieses Budgets, sowie die Entscheidungskompetenzen des Änderungsausschusses, werden zwischen Kunde und Lieferant gemeinsam vereinbart: Ein Änderungsausschuss entlastet den

Lenkungsausschuss von der Entscheidung über viele auftretende Änderungen.

Die Erfassung von Produkten mit ihren jeweiligen Status, Versionen und Varianten erfolgt fortlaufend in dem dazugehörigen **Konfigurationsdatensatz**. Hier werden auch die Beziehungen von Konfigurationselementen untereinander eingepflegt, um die Auswirkungen von Änderungen an einem Konfigurationselement auf andere zu verdeutlichen.

Für eine Momentaufnahme des Produktstatus, bspw. am Ende einer Phase oder im Zuge der Erstellung eines Projektstatusberichts, kann der Projektmanager sich eine **Produktstatusauskunft** erstellen lassen. In dieser Übersicht werden Produkte mit ihrem jeweiligen Status (z. B. „in Arbeit", „abgenommen", „Abnahme geplant am xx.xx.xxxx") aufgeführt. Die Informationen hierzu sind den entsprechenden Konfigurationsdatensätzen und dem Qualitätsregister entnommen.

Alle auftretenden **offenen Punkte** werden aufgezeichnet. Bei offenen Punkten, die formlos behandelt werden können, geschieht das mittels eines Eintrags im **Projekttagebuch**. Dieses Dokument wird vom Projektmanager geführt und kann z. B. ein Notizbuch sein.

Für alle formal zu behandelnden offenen Punkte ist die Erfassung im **Register offener Punkte** empfohlen. Dazu gehört, dass ein **Offener-Punkt-Bericht** erstellt wird, der eine Beschreibung des offenen Punkts, eine Auswirkungsanalyse und –bewertung, sowie eine Handlungsempfehlung enthält. Formal zu behandelnde offene Punkte sind Spezifikationsabweichungen, Änderungsanträge und Probleme / Anliegen, die Auswirkungen auf die Projektziele haben können.

Konfigurationsmanagementverfahren

Das Festlegen der sogenannten Baseline erfolgt mit Hilfe des Konfigurationsmanagementverfahrens. Eine **Konfiguration** beschreibt die Ausstattung, Zusammensetzung oder die Version eines **Konfigurationselements** (Komponente eines Produkts, Produkt oder Produktgruppe). Es umfasst die folgenden 5 Aktivitäten:

- Planen
- Identifizieren
- Steuern
- Status protokollieren
- Verifizieren und Audit

Planen

Bei dieser Aktivität geht es um die Erfassungstiefe der Baseline: Bis in welche Detailtiefe sollen die jeweiligen Attribute festgelegt werden. Dabei soll nur das „eingefroren" werden, was anschließend nicht oder nur unter formaler Änderungssteuerung geändert werden soll.

Identifizieren

Für die Festschreibung der einzelnen Komponenten muss ein Kodierungssystem vereinbart werden, das die jeweilige Konfiguration / Version eindeutig identifiziert. Hierfür wird bspw. eine Vorgabe für die Versionierung gemacht.

Steuern

Ein freigegebenes Konfigurationselement wird als Baseline festgelegt. Die Baseline ist die Bezugskonfiguration, die von nun an vorgegeben ist und nicht ohne Genehmigung geändert werden darf. Die Konfigurationssteuerung umfasst das Protokollieren des jeweiligen

Status der Elemente und der Beziehung der Elemente untereinander, Informationen über aktuelle Versionen, Archivierung u.ä.

Status protokollieren

Zur Information über den aktuellen Stand zu einzelnen Produkten kann der Projektmanager eine **Produktstatusauskunft** anfordern. Das ist insbesondere am Ende einer Phase oder des Projekts, oder auch zu Projektstatusberichten sinnvoll, da sie eine aktuelle Momentaufnahme bietet.

Verifizieren und Audit

Zuweilen ist es notwendig, zu gegebener Zeit zu überprüfen, ob die protokollierten Status und Versionen dem tatsächlichen Stand der Dinge entsprechen. Es sollte auch geprüft werden, inwieweit die Festlegungen des Konfigurationsmanagementverfahrens den Anforderungen entsprechen.

Verfahren zur Steuerung offener Punkte und Änderungen

Das Verfahren zur Steuerung offener Punkte und Änderungen besteht aus den folgenden Aktivitäten:

- Erfassen
- Untersuchen
- Vorschlagen
- Entscheidung treffen
- Implementieren

ABBILDUNG 12: VERFAHREN STEUERUNG OFFENER PUNKTE
(Quelle: Erfolgreiche Projekte managen mit PRINCE2®, AXELOS Limited)

Erfassen

Wird dem Projektmanager ein offener Punkt gemeldet, entscheidet er zunächst, inwiefern er diese Meldung formal behandeln muss und welche Art der offene Punkt ist.

Untersuchen

Der offene Punkt wird daraufhin auf seine Auswirkungen hin untersucht. Die Auswirkungen sollten hinsichtlich aller 6 Dimensionen Projekts (Zeit, Kosten, Qualität, Umfang, Risiko und Nutzen) überprüft werden. Hierzu gehört auch die Einschätzung, mit welcher Priorität der offene Punkt behandelt werden muss.

Vorschlagen

Die Ergebnisse der Auswirkungsanalyse führen zu einer Abwägung der verschiedenen möglichen Optionen und einer Handlungsempfehlung.

Entscheidung treffen

Gemäß den Festlegungen der Kompetenzen in der Konfigurationsmanagementstrategie kann der Projektmanager ggf. selbst über einen offenen Punkt entscheiden. Andernfalls wird die Entscheidung in Form eines Offener-Punkt-Berichts an den Lenkungsausschuss oder den Änderungsausschuss eskaliert. Sollten durch die empfohlenen Maßnahmen die Phasen- oder Projekttoleranzen überschritten werden, wird mittels eines **Ausnahmeberichts** eskaliert, der die Konsequenzen der Planabweichung beschreibt.

Implementieren

Der Projektmanager kann nun entweder die Korrekturmaßnahmen vornehmen, die entschieden wurden. Dazu bildet er z. B. neue Arbeitspakete und passt die entsprechenden Pläne an.

Sollten die Korrekturmaßnahmen zu umfangreich sein, kann der Lenkungsausschuss einen **Ausnahmeplan** anfordern, der den bestehenden Phasen- oder Projektplan ersetzt.

Damit ist die Behandlung des offenen Punktes abgeschlossen, und das Register offener Punkte, sowie der Offener-Punkt-Bericht werden abschließend aktualisiert.

Managementprodukte

- Konfigurationsmanagementstrategie
- Konfigurationsdatensatz
- Produktstatusauskunft
- Projekttagebuch
- Register offener Punkte
- Offener-Punkt-Bericht

Fortschritt

Inhalt

Das Thema Fortschritt behandelt den Vergleich des aktuellen Status des Projekts gegenüber der ursprünglichen Planung. Dazu bietet es Mechanismen zur Einschätzung, inwieweit das Projekt tatsächlich die gegebenen Ziele erreichen kann.

Diese Mechanismen sind

- Delegieren von Befugnissen an die darunterliegende Managementebene
- Aufteilung des Projekts in Managementphasen
- Zeit- und ereignisgesteuerte Berichte
- Meldung von Ausnahmen

Delegieren von Befugnissen

Dem Prinzip **Steuern nach dem Ausnahmeprinzip** (s. Punkt 0, S. 25) folgend, werden fest definierte Handlungsspielräume und Toleranzen an die darunterliegende Managementebene delegiert. Dadurch soll sichergestellt werden, dass die jeweilige Managementebene zwar weiterhin die Verantwortung behält, indem sie diesen Handlungsspielraum klar umreißt, dass sie aber entlastet wird, was die Umsetzung und ihre Kontrolle betrifft.

Aufteilung in Managementphasen

Die PRINCE2 Methodik sieht vor, dass ein Projekt fortlaufend auf seine geschäftliche Rechtfertigung hin überprüft werden muss. Das wird u. a. durch die Einteilung des Projekts in Managementphasen erreicht. Bevor ein Projekt in die nächste Phase eintritt, muss eine Freigabe seitens des Lenkungsausschusses erfolgen, der die Überprüfung des

Business Case und des Projektplans, sowie der Risikolage vorausgeht. Die Aufteilung richtet sich nach dem Planungshorizont, nach technischen Phasen, nach möglichem Abstimmungsbedarf mit übergeordneten Programmen, aber auch nach der Risikobewertung des Projekts.

Managementphasen sind von technischen Phasen zu unterscheiden. Während technische Phasen von den Kenntnissen der Spezialisten abhängen und oft parallel verlaufen können, haben Managementphasen das Ziel, Mittel und Ressourcen freizugeben. Sie überschneiden sich nicht.

Sollte eine technische Phase sich über mehrere Managementphasen erstrecken, sollte exakt definiert werden, welchen Status die jeweiligen Produkte der technischen Phase zu diesem Zeitpunkt erreicht haben sollen.

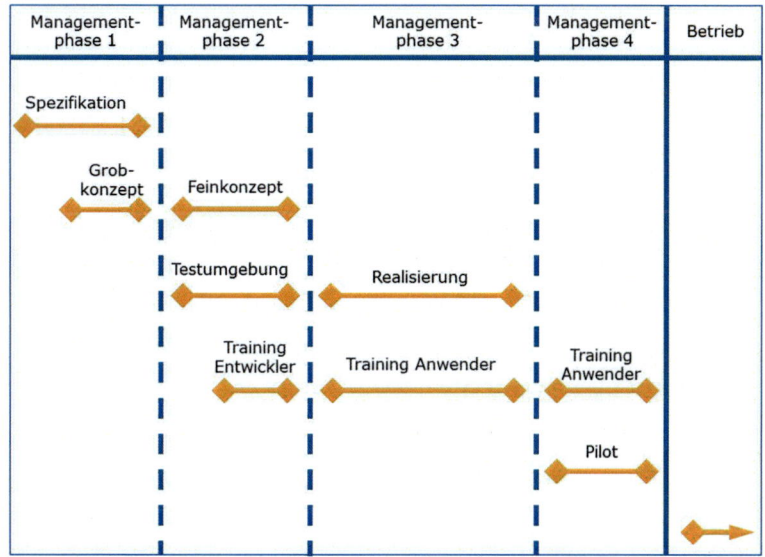

ABBILDUNG 13: TECHNISCHE PHASEN - MANAGEMENTPHASEN

Ereignis- und zeitgesteuerte Berichte

Zur Überwachung des Fortschritts ist es notwendig, dass die jeweilige Managementebene in regelmäßigen Abständen, aber auch bei bestimmten Anlässen oder Vorkommnissen in geeigneter Form informiert wird.

Ereignisgesteuerte Berichte

Ereignisgesteuerte Berichte können aus Anlass eines Phasenabschlusses am Übergang in die nächste Phase, am Ende des Projekts oder auch auf Grund einer gemeldeten Ausnahme erfolgen. Mögliche Berichte sind

- Phasenabschlussbericht
- Projektabschlussbericht
- Offener-Punkt-Bericht
- Ausnahmebericht
- Erfahrungsbericht

Alle diese Berichte werden vom Projektmanager erstellt.

Der **Phasenabschlussbericht** wird zum Ende jeder Managementphase mit Ausnahme der letzten erstellt. Dem Bericht müssen alle notwendigen Informationen zu entnehmen sein, die der Lenkungsausschuss als Grundlage für seine Entscheidung benötigt, die nächste Managementphase freizugeben.

Der **Projektabschlussbericht** wird zum Ende des Projekts erstellt. Er umfasst Informationen zum Verlauf des gesamten Projekts. Er bildet die Grundlage für die Bewertung des Projekts und die Entscheidung des Lenkungsausschusses, den Projektabschluss freizugeben.

Offener-Punkt-Bericht S. 56

Ausnahmebericht S. 57

Der **Erfahrungsbericht** kann zu jederzeit erstellt oder aktualisiert werden, wenn insbesondere bei der Überprüfung des Fortschritts bestimmte Probleme oder auch Erfolgsfaktoren festgestellt werden, die für das vorliegende Projekt oder für zukünftige Projekte von Bedeutung sein könnten. Der Bericht unterstützt das Prinzip „Lernen aus Erfahrung" (S. 22).

Eine fortlaufende Aufzeichnung von im Projekt gemachten Erfahrungen wird im **Erfahrungsprotokoll** vorgenommen. Dieses dient auch am Ende des Projekts zur abschließenden Bewertung und zur Empfehlung für folgende Projekte.

Zeitgesteuerte Berichte

Zeitgesteuerte Berichte sind

- Teamstatusberichte
- Projektstatusberichte

Sie werden in zuvor festgelegten Intervallen und in der vorab definierten Form fällig.

Die Termine für den **Teamstatusbericht** sind im Arbeitspaket eingetragen. In diesem Bericht informiert der Teammanager den Projektmanager über den Fortschritt des Arbeitspakets.

Die Termine für die **Projektstatusberichte** werden für das Projekt oder pro Phase vom Lenkungsausschuss vorgegeben. Die Intervalle werden in der Kommunikationsmanagementstrategie festgehalten und im Projektplan bzw. Phasenplan dokumentiert. In diesem Bericht unterrichtet der Projektmanager den Lenkungsausschuss über den Fortschritt der Phase, auch in Hinblick auf das gesamte Projekt. Oft wird der Projektstatusbericht in Kopie an die Programmebene oder andere interessierte Stakeholder des Projekts weitergegeben.

Managementprodukte

- Projektplan, Phasenplan, Ausnahmeplan
- Arbeitspaket
- Projekttagebuch
- Register offener Punkte
- Produktstatusauskunft
- Qualitätsregister
- Risikoregister
- Erfahrungsprotokoll
- Erfahrungsbericht
- Projektstatusbericht
- Teamstatusbericht
- Phasenabschlussbericht
- Projektstatusbericht
- Ausnahmebericht

Prozesse

PRINCE2 ist eine prozessbasierte Projektmanagementmethodik. Ein **Prozess** ist *eine strukturierte Abfolge von Aktivitäten, die auf die Erreichung eines bestimmten Ziels gerichtet ist. In einem Prozess wird ein definierter Input in einen definierten Output umgewandelt.*

In jeder Managementphase eines Projekts gibt es bestimmte Prozesse, innerhalb derer vordefinierte Aktivitäten erfolgen.

Phase	Prozess
Vor dem Projekt	Lenken
	Vorbereiten eines Projekts
Initiierungsphase	Lenken
	Initiieren eines Projekts
	Managen des Phasenübergangs
Nachfolgende Phasen	Lenken
	Steuern einer Phase
	Managen der Produktlieferung
	Managen des Phasenübergangs
Letzte Phase	Lenken
	Steuern einer Phase
	Managen der Produktlieferung
	Abschließen eines Projekts

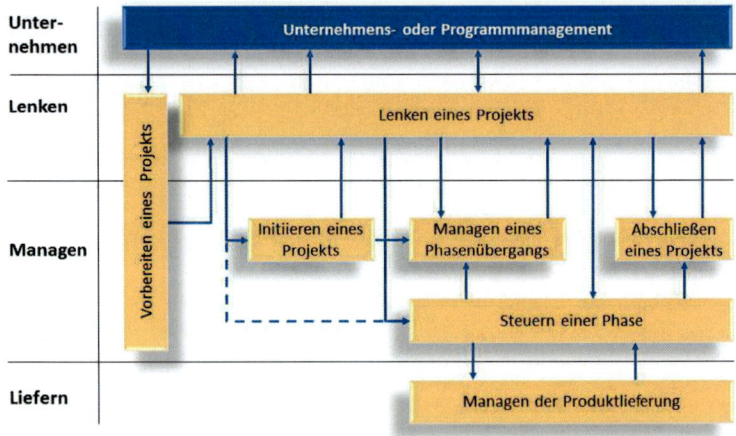

ABBILDUNG 14: PROZESSÜBERSICHT
(Quelle: Erfolgreiche Projekte managen mit PRINCE2®, AXELOS Limited)

Vorbereiten eines Projekts

> *Zweck des Prozesses „Vorbereiten eines Projekts" ist es sicherzustellen, dass die Voraussetzungen für die Initiierung geschaffen wurden und das Projekt als durchführbar und lohnend angesehen wird.*

Ausgelöst wird der Prozess **Vorbereiten eines Projekts** durch das sog. **Projektmandat**. Ein Projektmandat kommt aus dem Unternehmen oder aus dem Programm und kann in unterschiedlichster Form vorliegen. Das kann ein mündlicher Auftrag sein, ein umfassendes Leistungsverzeichnis oder eine Vorstudie.

Durch den Prozess **Vorbereiten eines Projekts** soll vorab ermittelt werden, ob das Projekt wünschenswert, lohnend und machbar ist und ob es die Ziele des Programms bzw. des Unternehmens unterstützt. Dabei soll mit möglichst geringem Aufwand eine ausreichend belastbare Entscheidungsgrundlage für den Lenkungsausschuss zusammengestellt werden.

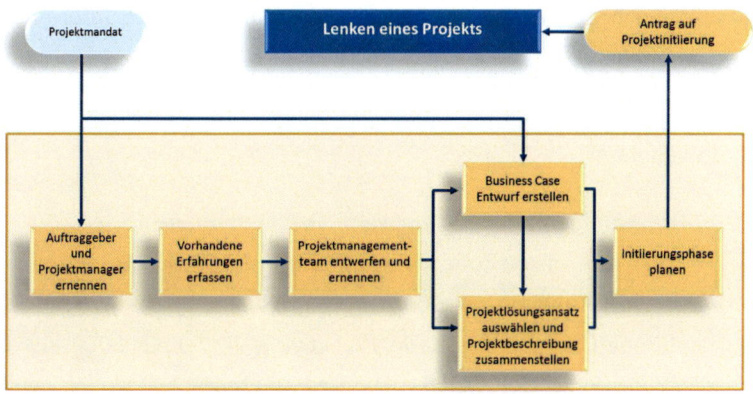

ABBILDUNG 15: PROZESS VORBEREITEN EINES PROJEKTS
(Quelle: Erfolgreiche Projekte managen mit PRINCE2®, AXELOS Limited)

Aktivitäten

Auftraggeber und Projektmanager ernennen

Mit dem Projektmandat wird durch das Unternehmens- oder Programmmanagement ein Auftraggeber bestimmt, der wiederum einen Projektmanager ernennt. Für beide Rollen werden Verantwortlichkeiten und Rollenbeschreibungen festgelegt.

Zur Dokumentation wird ein Projekttagebuch angelegt, das in der Folge vom Projektmanager geführt wird.

Vorhandene Erfahrungen erfassen

Der nächste Schritt besteht darin, bereits vorliegende Erfahrungsberichte aus ähnlichen Projekten oder aus anderen Unternehmen zu sichten, um einen besseren Eindruck von den zu erwartenden Umständen des Projekts zu erhalten. Vielleicht ist es sinnvoll, Berater zu Rate zu ziehen, oder es gibt Studien, die hilfreich sind. Auch das Programmmanagement kann nützliche Informationen bereitstellen.

Alle identifizierten Erfahrungen werden in einem **Erfahrungsprotokoll** dokumentiert.

Projektmanagementteam entwerfen und ernennen

Die für das Projektmanagementteam notwendigen Rollen und Verantwortlichkeiten werden vom Projektmanager erstellt und beschrieben. Es ist zu überlegen, inwieweit der Lenkungsausschuss selbst die Rolle der Projektsicherung übernimmt oder sie teilweise delegiert. Ebenso kann der Projektmanager entscheiden, ob Teammanager notwendig sind und ggf. Rollenbeschreibungen für sie erstellen.

Auf Grundlage der Festlegung von Rollen und Verantwortlichkeiten werden geeignete Personen ausgewählt und ernannt. Die Ernennung des Projektmanagementteams ist vom Unternehmens- und Programmmanagement genehmigen zu lassen.

Business Case-Entwurf erstellen

Als zentrales Managementprodukt des Prozesses wird der Business Case-Entwurf durch den Auftraggeber erstellt. Auf der Basis der zu diesem Zeitpunkt vorhandenen Informationen ist dieser zunächst eher als grobe Übersicht anzusehen. Aus diesem ersten Business Case Entwurf muss deutlich werden, dass die Kosten-Nutzenbetrachtung des

Projekts positiv eingeschätzt wird, dass das Projekt den strategischen Unternehmenszielen folgt und die Risikobelastung als akzeptabel eingestuft wird.

Der Projektmanager definiert gemeinsam mit Auftraggeber und Benutzervertreter den Umfang und die Qualität dessen, was das Projekt liefern soll. Dies wird in der **Produktbeschreibung des Projektendprodukts** festgeschrieben.

Projektlösungsansatz auswählen und Projektbeschreibung zusammenstellen

Der **Projektlösungsansatz** beschreibt, wie die Produkte hergestellt werden sollen. Mögliche Beispiele sind der Kauf „von der Stange", Anpassen eines bestehenden Standards oder die Eigenentwicklung. Welcher Lösungsansatz gewählt wird, hat oft mit den Unternehmensstandards, mit technischen Gegebenheiten oder auch mit Zeitvorgaben zu tun.

Alle bis dahin ermittelten Informationen werden in der sog. **Projektbeschreibung** zusammengetragen. Dieses Managementprodukt besteht aus

- Projektdefinition (aktueller Status, Hintergrund, gewünschte Ziele, Projektumfang und –ausschlüsse, Einschränkungen und Annahmen, Projekttoleranzen, bekannte Interessengruppen, Schnittstellen vom Projekt ins Unternehmen)
- Business Case-Entwurf
- Produktbeschreibung des Projektendprodukts
- Projektlösungsansatz
- Struktur und Rollenbeschreibungen des Projektmanagementteams

Die Projektbeschreibung ist die Basis, auf Grund derer der Lenkungsausschuss über die grundsätzliche geschäftliche Rechtfertigung des Projekts entscheiden muss.

Initiierungsphase planen

Die Initiierungsphase eines Projekts erfordert umfangreiche Planungsaktivitäten, die Zeit- und Kostenaufwand erfordern. Auch die Ressourcen müssen geplant sein, damit sie auch zur Verfügung stehen. Diese Anforderungen werden im **Initiierungsphasenplan** zusammengetragen, dem ersten Plan für ein PRINCE2 Projekt.

Der Projektmanager reicht diesen Initiierungsphasenplan zusammen mit dem Antrag auf Freigabe der Projektinitiierung an den Lenkungsausschuss weiter.

Managementprodukte

- Projektbeschreibung
- Initiierungsphasenplan

Lenken eines Projekts

> Der Zweck des Prozesses Lenken eines Projekts ist es, den Lenkungsausschuss in die Lage zu versetzen, seiner Verantwortung für den Projekterfolg nachzukommen. Dies geschieht, indem er wichtige Entscheidungen fällt und den allgemeinen Verlauf des Projekts steuert, aber die Abwicklung des Tagesgeschäfts dem Projektmanager überlässt.

Erster Auslöser des Prozesses ist der Antrag auf Projektinitiierung des Prozesses Vorbereiten eines Projekts. Im Projektverlauf hat der Lenkungsausschuss weitere Entscheidungen zu treffen und nimmt so die Gesamtverantwortung für das Projekt wahr. Denn er ist gegenüber dem Unternehmens- und Programmmanagement für die Lenkung und das Management des Projekts verantwortlich Die verschiedenen Arten von Entscheidungen sind als Aktivitäten im Prozess „Lenken" abgebildet.

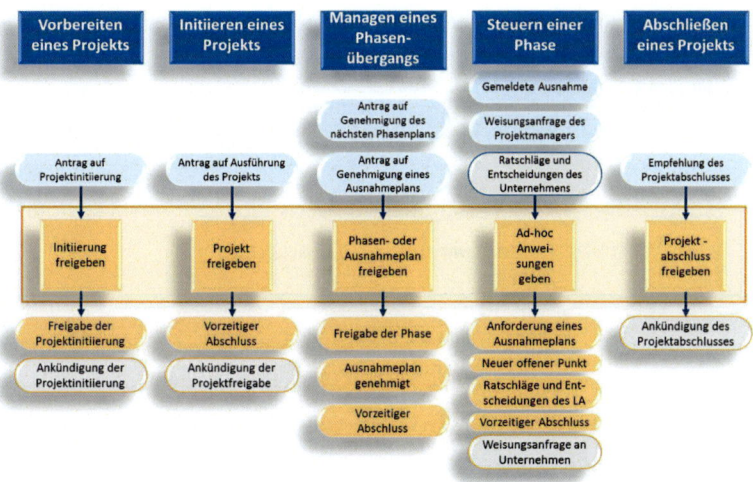

ABBILDUNG 16: PROZESS LENKEN
(Quelle: Erfolgreiche Projekte managen mit PRINCE2®, AXELOS Limited)

Aktivitäten

Initiierung freigeben

Diese Aktivität umfasst die Prüfung der Projektbeschreibung auf Vollständigkeit und Richtigkeit, sowie deren Freigabe. Das beinhaltet insbesondere die Prüfung des Entwurfs des Business Case und damit der Bestätigung, dass das Projekt geschäftlich gerechtfertigt ist.

Gleichzeitig wird der Phasenplan für die Initiierung geprüft und freigegeben. Das beinhaltet unter anderem die Beschaffung oder Verpflichtung der dafür benötigten Ressourcen.

Der Projektmanager wird damit beauftragt, die Initiierungsphase zu starten, und alle Stakeholder werden über die bevorstehende Projektinitiierung informiert.

Projekt freigeben

Diese Aktivität steht am Ende der Initiierungsphase. Sie wird durch den Antrag des Projektmanagers auf Ausführung des Projekts ausgelöst und sollte parallel zu der nachfolgend beschriebenen Aktivität „Phasenplan oder Ausnahmeplan freigeben" (s.u.) stattfinden.

Der Lenkungsausschuss muss die Projektleitdokumentation prüfen und genehmigen. Hier geht es hauptsächlich darum, dass der Business Case das Projekt als geschäftlich gerechtfertigt darstellt und der Projektplan realistisch ist. Aber es ist auch zu prüfen, inwieweit die Managementstrategien praktikabel sind und den Unternehmensvorgaben entsprechen, oder ob die Projektsteuerungsmittel ausreichend für eine effiziente Projektsteuerung und –kontrolle sind.

Ebenso ist der Nutzenrevisionsplan zu prüfen und zu genehmigen.

Abschließend wird das Unternehmens- und Programmmanagement und weitere Stakeholder über die bevorstehende Projektfreigabe informiert und der Projektmanager damit beauftragt, mit der ersten Ausführungsphase zu beginnen.

Phasen- oder Ausnahmeplan genehmigen

Der Lenkungsausschuss prüft den vom Projektmanager zusammengestellten Phasenabschlussbericht. Dieser Bericht enthält

Informationen über die abgenommenen und an die Benutzer übergebenen Produkte, eine Zusammenstellung der Risikoeinschätzung und eine Einschätzung, inwieweit das Projekt die erwarteten Projektziele erfüllt.

Der vorgelegte Phasenplan für die nächste Phase (oder ein Ausnahmeplan auf Grund von vorgefallenen Ausnahmen in der bestehenden Phase) wird geprüft und freigegeben. Dazu gehören auch die dem Plan beigefügten Produktbeschreibungen.

Bevor die nächste Phase freigegeben wird, überprüft der Lenkungsausschuss die vorliegende Projektleitdokumentation daraufhin, ob sich an der Gültigkeit des Business Case etwas geändert hat, ob die Steuerungsmittel weiterhin wirksam und effizient sind oder ob das Projektmanagementteam angepasst werden muss.

Daraufhin kann der Lenkungsausschuss die Phase freigeben. Das beinhaltet auch die Vergabe von Phasentoleranzen und die Bereitstellung der notwendigen Ressourcen für diese Phase. Das Projektmanagement wird mit der Fortführung des Projekts beauftragt, und das Unternehmens- und Programmmanagement wird über den aktuellen Stand informiert.

Ad-hoc-Anweisungen geben

Der Lenkungsausschuss ist nicht nur zu Phasenübergängen ansprechbar. Er kann jederzeit im Projekt um Rat gefragt werden (**Weisungsanfrage**), z. B. bevor ein umfangreicher Ausnahmebericht auf Grund eines Änderungsantrags erstellt wird. Er kann auch umgekehrt jederzeit Ratschläge erteilen, insbesondere dann, wenn es Umstrukturierungen im Unternehmen und demzufolge Änderungen der Unternehmensstrategie gibt.

Projektabschluss freigeben

Diese Aktivität ist die letzte Aktivität eines PRINCE2-Projekts. Der Lenkungsausschuss prüft und genehmigt den Projektabschlussbericht und verifiziert, ob die Produkte gemäß der Konfigurationsmanagementstrategie an die Benutzer übergeben wurden und von diesen angenommen wurden. Er prüft, welche Folgeaktionen ggf. in den Betrieb übergeben werden müssen und ob sich die Verantwortlichen dieser Aufgabe bewusst sind.

Initiieren eines Projekts

> *Zweck des Prozesses Initiieren eines Projekts ist es, eine solide Grundlage für das Projekt zu schaffen, die der Organisation ein klares Bild davon vermittelt, was mit den geplanten Arbeiten verbunden ist, bevor größere finanzielle Mittel zugesagt werden.*

In diesem Prozess erfolgt der Hauptanteil der gesamten Projektplanung. Nachdem in Vorbereiten des Projekts lediglich grobe Planungsannahmen gemacht wurden, wird nun detaillierter geplant. Das betrifft einerseits die Regeln und Steuerungsmechanismen, die für die neu geschaffene Projektorganisation gelten sollen, aber auch belastbarere Daten und Fakten, die den Umfang und die Qualitätskriterien der zu erstellenden Produkte widerspiegeln.

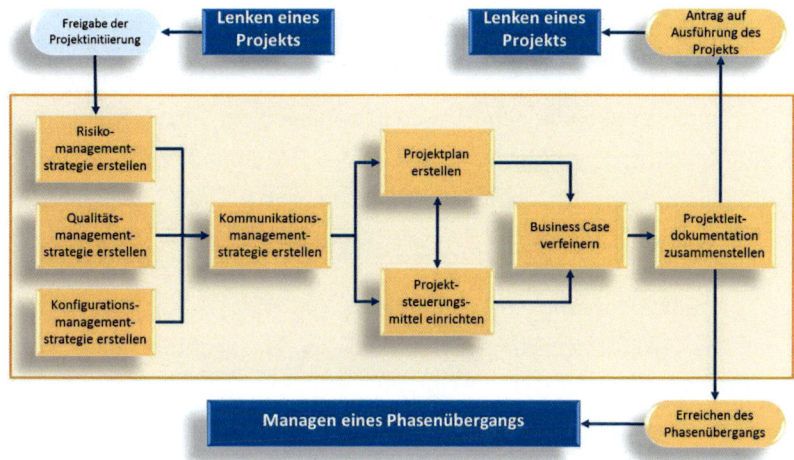

ABBILDUNG 17: PROZESS INITIIEREN EINES PROJEKTS
(Quelle: Erfolgreiche Projekte managen mit PRINCE2®, AXELOS Limited)

Aktivitäten

Managementstrategien erstellen

Als gemeinsame Basis für die neu geschaffene Projektorganisation müssen Regeln, Verfahren und Techniken festgelegt werden, nach denen im Projekt geplant, gesteuert und kontrolliert werden soll. Auch die Verantwortlichkeiten zu diesen Themen müssen definiert sein. Darum geht es bei der Erstellung der vier Managementstrategien: Risiko-, Qualitäts-, Konfigurations- und Kommunikationsmanagementstrategie. Abgeleitet werden die Strategien aus bereits bestehenden Unternehmensrichtlinien. Sie müssen jedoch auf das für das Projekt notwendige Maß zugeschnitten sein und die Bedürfnisse aller am Projekt Beteiligten abdecken. Verschiedene Abteilungen oder beteiligte externe Lieferanten werden ggf. unterschiedliche Vorgaben zur Dateiablage, zu

Kommunikationswegen oder zu Risikobewertungsverfahren haben. Diese gilt es zu vereinheitlichen.

Zu dieser Aktivität gehört auch das Anlegen der verschiedenen Register für zentral geführte, fortlaufende Dokumentation: Risikoregister, Qualitätsregister, Konfigurationsdatensätze und Register offener Punkte.

Projektsteuerungsmittel einrichten

Die Projektsteuerungsmittel sind so einzurichten, dass sich das Zusammenspiel der Delegation von Befugnissen und Toleranzen auf der einen Seite und die Kontrolle des tatsächlichen Status auf der anderen Seite die Waage hält. So wird eine effiziente Projektsteuerung ermöglicht. Steuerungsmittel sind insbesondere die Festlegung der Managementphasen, der Häufigkeit der Berichterstattung und der Definition von Mechanismen, die die Einhaltung der Handlungsspielräume kontrollieren.

Diese Projektsteuerungsmittel werden explizit zusammengefasst aufgeführt.

Projektplan erstellen

Nachdem im Prozess **Vorbereiten eines Projekts** nur eine grobe Planung des Projekts auf Grund von Erfahrungen und Annahmen durchgeführt wurde, wird im Prozess **Initiieren eines Projekts** nun ein detaillierter Projektplan erstellt. Der Planungsprozess erfolgt am besten im Rahmen eines oder mehrerer Workshops mit verschiedenen Stakeholdern, insbesondere auch Lieferanten.

Mit Hilfe der produktbasierten Planungstechnik wird das Projekt-endprodukt in seine Hauptprodukte heruntergebrochen, für die jeweils Produktbeschreibungen erstellt werden. Nachdem die Produkte im Produktflussdiagramm in Beziehung zueinander gestellt werden,

74

können Aktivitäten und Ressourcenanforderungen zusammengetragen werden, so dass daraufhin eine Schätzung von Zeit- und Kostenaufwand möglich wird. Alle Ergebnisse der Planung werden im Projektplan dokumentiert.

Business Case verfeinern

Mit den so ermittelten Aufwänden kann jetzt der **detaillierte Business Case** erstellt werden. Es kann sein, dass der zuvor erwartete Nutzen nun in Hinblick auf die aktualisierten Daten aus dem Projektplan ebenfalls angepasst werden muss. Unter Umständen stellt sich heraus, dass nach genauerer Planung das Projekt nicht mehr geschäftlich gerechtfertigt wäre.

Damit nach Projektende, wenn der Großteil des erhofften Nutzens eintreten soll, nachgeprüft werden kann, ob dieser auch tatsächlich erzielt werden konnte, wird ein **Nutzenrevisionsplan** erstellt. Er listet die einzelnen Nutzenpositionen auf und zeigt sie mit den Verantwortlichkeiten, den Zeitpunkten und der Art und dem Aufwand der Messung.

Projektleitdokumentation zusammenstellen

Alle so ermittelten Unterlagen werden zusammengefasst in der **Projektleitdokumentation**. Dieses Managementprodukt bildet den „Vertrag" für das Projekt, die gemeinsame Grundlage, die für alle Projektbeteiligten gilt.

Sie ist auch die Basis für die Entscheidung des Lenkungsausschusses, das Projekt durchzuführen. In ihr sind alle Informationen, die notwendig sind um zu beurteilen, inwiefern das Projekt geschäftlich gerechtfertigt ist. Damit bildet sie auch eine klare Baseline, gegen die am Ende des Projekts der Projekterfolg gerechnet wird.

Managementprodukte

- Projektleitdokumentation
- Detaillierter Business Case
- Nutzenrevisionsplan
- Risikomanagementstrategie
- Qualitätsmanagementstrategie
- Konfigurationsmanagementstrategie
- Kommunikationsmanagementstrategie
- Projektplan
- Risikoregister
- Qualitätsregister
- Konfigurationsdatensätze
- Register offener Punkte

Steuern einer Phase

> *Der Zweck des Prozesses Steuern einer Phase ist, die anfallenden Arbeiten zuzuweisen und zu verfolgen, offene Punkte zu bearbeiten, erzielte Fortschritte an den Lenkungsausschuss zu berichten und ggf. Korrekturmaßnahmen einzuleiten, damit die Phase innerhalb der Toleranzen bleibt.*

Der Prozess **Steuern einer Phase** ist der Prozess, der das Tagesgeschäft des Projektmanagers beschreibt. Ausgelöst wird er durch die Freigabe einer Phase durch den Lenkungsausschuss. Er besteht aus dem Bilden und Zuweisen von Arbeitspaketen, der Überwachung des Status der

Phase und der Berichterstattung darüber, sowie in der Behandlung von ungeplanten Ereignissen.

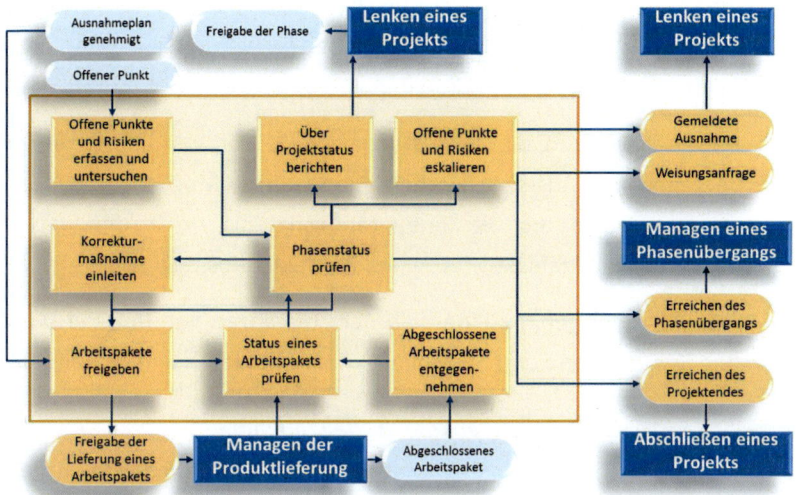

ABBILDUNG 18: PROZESS STEUERN EINER PHASE
(Quelle: Erfolgreiche Projekte managen mit PRINCE2®, AXELOS Limited)

Aktivitäten

Arbeitspaket freigeben

Arbeitspakete sind gebündelte Teile eines Phasenplans zur Lieferung von einem oder mehreren Produkten. In einem Arbeitspaket stehen alle wesentlichen Informationen und Vorgaben für einen Teammanager, die er zur Erstellung der Produkte benötigt.

Die Arbeitspakete werden explizit vom Projektmanager freigegeben, um zu verhindern, dass Arbeiten ohne Abstimmung unkontrolliert begonnen werden. Dabei werden die Inhalte des Arbeitspakets mit dem verantwortlichen Teammanager abgesprochen und vereinbart.

Status eines Arbeitspakets prüfen

Der Projektmanager hat dafür Sorge zu tragen, dass die Arbeiten innerhalb der Zielvorgaben für die Phase bleiben. Er muss daher regelmäßig überprüfen, ob die Vorgaben weiterhin realistisch sind oder ob er ggf. steuernd eingreifen muss.

Dazu stehen ihm die Teamstatusberichte zur Verfügung, die er in vorgegebenen Abständen erhält. Eine weitere Möglichkeit bilden das Qualitätsregister und die Konfigurationsdatensätze, die den Status der geplanten Qualitätsaktivitäten und Produktstatus zeigen.

Treten Abweichungen innerhalb der Toleranzen auf, muss er diese in den Registern und dem Phasenplan dokumentieren und aktualisieren.

Abgeschlossene Arbeitspakete entgegennehmen

Ist ein Arbeitspaket abgeschlossen, kontrolliert der Projektmanager, ob die Arbeiten tatsächlich abgeschlossen wurden und die Produktabnahmen wie vorgegeben erfolgt sind. Er überprüft außerdem, ob die entsprechenden Einträge in den Konfigurationsdatensätzen und im Qualitätsregister vervollständigt wurden.

Abschließend aktualisiert er den Phasenplan, indem er das Arbeitspaket als abgeschlossen dokumentiert.

Phasenstatus prüfen

Diese Aktivität wird in vorgegebenem Turnus oder nach der Bewertung offener Punkte oder Risiken durchgeführt. Ziel ist es, den aktuellen Status der Phase zu ermitteln und ihn mit den geplanten Vorgaben zu vergleichen, um ggf. Korrekturmaßnahmen einzuleiten.

Den Fortschritt der Phase kann der Projektmanager anhand der Teamstatusberichte und anhand seiner Register prüfen: das

Qualitätsregister führt Informationen zu den geplanten oder durchgeführten Qualitätsaktivitäten, die Konfigurationsdatensätze zeigen den aktuellen Stand der Produkte, das Register offener Punkte gibt einen Eindruck über alle neu eingetretenen Ereignisse, die noch in Bearbeitung sind, und das Risikoregister zeigt eine Tendenz, wie die Risikolage des Projekts einzuschätzen ist.

Zusätzlich kann er sich bei Bedarf von der Projektunterstützung eine **Produktstatusauskunft** zusammenstellen lassen, die ihm den Status der in dieser Phase zu erstellenden Produkte auflistet.

Ggf. muss der Projektmanager auf Grundlage dieser Informationen offene Punkte oder Risiken an den Lenkungsausschuss eskalieren oder Korrekturmaßnahmen einleiten.

Über Projektstatus berichten

Zu den vom Lenkungsausschuss vorgegebenen Intervallen erstellt der Projektmanager einen Projektstatusbericht. Die Informationen entnimmt er aus dem vorangegangenen Projektstatusbericht, aus den Teamstatusberichten, der Produktstatusauskunft und den einzelnen Registern.

In dem Projektstatusbericht informiert er den Lenkungsausschuss über seine Einschätzung des Projektstatus und über die durch ihn eingeleiteten Korrekturmaßnahmen, so dass der Lenkungsausschuss auf dieser Basis den Projektfortschritt sowie die Prognose für das Projekt beurteilen kann.

Offene Punkte und Risiken erfassen und untersuchen

Wird ein offener Punkt gemeldet, entscheidet der Projektmanager zunächst, inwieweit er ihn formal behandeln muss. Ist dies der Fall, kategorisiert, priorisiert und bewertet er ihn wie in der Konfigurationsmanagementstrategie vorgegeben. Dazu gehört der

Eintrag in das Register offener Punkte und eine Bewertung im Offener-Punkt-Bericht.

Ebenso werden neu identifizierte Risiken in das Risikoregister eingetragen und hinsichtlich ihrer Auswirkungen, Eintrittswahrscheinlichkeit und Eintrittsnähe bewertet.

Dabei kann der Projektmanager anhand des Phasen- oder Projektplans die Auswirkungen abklären und abschätzen, inwieweit er Korrekturmaßnahmen im Rahmen seiner Toleranzen einleiten kann.

Offene Punkte und Risiken eskalieren

Sobald der Projektmanager merkt, dass alle von ihm in die Wege geleiteten Korrekturmaßnahmen nicht ausreichen, um die Phase innerhalb der Toleranzgrenzen abzuschließen, muss er eskalieren. Bevor er jedoch einen Ausnahmebericht ausarbeitet, sollte er als erstes den Lenkungsausschuss informieren und auf die Planabweichung vorbereiten. Ggf. kann in einem kurzen Abstimmungsgespräch bereits geklärt werden, wie der Lenkungsausschuss die Abweichung einschätzt und welche möglichen Optionen er präferiert.

Um dem Lenkungsausschuss aber eine fundierte Entscheidung zu ermöglichen, ist eine Analyse und Bewertung des offenen Punktes oder Risikos notwendig. Weiterhin braucht er dafür eine Einschätzung möglicher Optionen und eine Empfehlung für die weitere Vorgehensweise. All diese Informationen stellt der Projektmanager mit einem **Ausnahmebericht** zur Verfügung.

Korrekturmaßnahmen einleiten

Ist die Entscheidung für eine Maßnahme zur Behandlung eines offenen Punktes oder eines Risikos gefallen, kann der Projektmanager das neue Arbeitspaket freigeben. Die Maßnahmen werden im Offener-Punkt-

Bericht dokumentiert und das Register offener Punkte bzw. das Risikoregister werden aktualisiert.

Managementprodukte

- Projektleitdokumentation
- Phasenplan
- Arbeitspaket
- Produktbeschreibungen
- Qualitätsregister
- Konfigurationsdatensätze
- Risikoregister
- Register offener Punkte
- Projekttagebuch
- Erfahrungsprotokoll
- Projektstatusbericht

Managen der Produktlieferung

Der Prozess Managen der Produktlieferung *steuert und kontrolliert die Beziehung zwischen dem Projektmanager und dem (den) Teammanager, indem formelle Anforderung an die Annahme, Ausführung und Lieferung der Projektarbeiten gestellt werden.*

Der Prozess **Managen der Produktlieferung** ist der Prozess des Teammanagers. Hier geht es um die Schnittstelle des Teammanagers zum Projektmanager. Der Prozess hat eine besondere Bedeutung wenn der Teammanager ein externer Lieferant ist. Im Prozess wird sichergestellt, dass die Produkte gemäß den Vorgaben hergestellt und abgenommen werden.

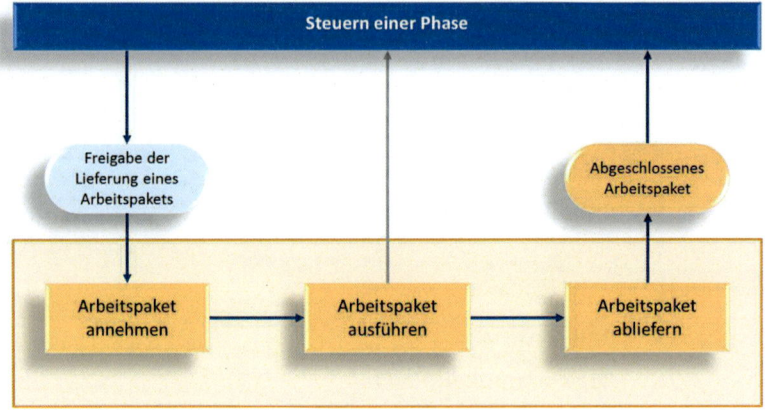

ABBILDUNG 19: PROZESS MANAGEN DER PRODUKTLIEFERUNG
(Quelle: Erfolgreiche Projekte managen mit PRINCE2®, AXELOS Limited)

Aktivitäten

Arbeitspaket annehmen

Ziel dieser Aktivität ist es, ein gemeinsames Verständnis des im Arbeitspaket beschriebenen Auftrags zu erreichen und die Vorgaben daraufhin zu überprüfen, ob sie realistisch sind. Dazu kann der Teammanager einen Teamplan erstellen. Auf dieser Grundlage können gemeinsam die Toleranzen für das Arbeitspaket vereinbart werden.

Arbeitspaket ausführen

Im Arbeitspaket sind alle Vorgaben bzgl. der Herstellung der Produkte aufgeführt: Verfahren, Techniken, Einschränkungen, Vorgaben zur Qualitätssicherung und Produktabnahme. Der Teammanager sorgt dafür, dass die Vorgaben des Arbeitspakets eingehalten werden.

Erkennt er offene Punkte oder Risiken, informiert er den Projektmanager. In regelmäßigen Abständen überprüft er den Status des Arbeitspakets und berichtet dem Projektmanager in Form des Teamstatusberichts. Für den Fall, dass er das Arbeitspaket nicht in den vorgegebenen Toleranzen abschließen kann, eskaliert er an den Projektmanager, damit dieser über mögliche Maßnahmen entscheiden kann. Zu diesem Zweck nutzt er den Offener-Punkt-Bericht.

Arbeitspaket abliefern
Eine formale Abnahme des Arbeitspakets erfolgt nicht durch den Projektmanager. Sofern alle Produktabnahmen erreicht und dokumentiert sind, meldet der Teammanager die Fertigstellung des Arbeitspakets an den Projektmanager.

Managementprodukte

- Arbeitspaket
- Produktbeschreibung
- Teamstatusbericht

Managen eines Phasenübergangs

> *Der Prozess Managen eines Phasenübergangs gewährleistet, dass der Lenkungsausschuss vom Projektmanager genügend Informationen erhält und so den Erfolg der aktuellen Phase beurteilen, die nächste Phase freigeben, den aktualisierten Projektplan prüfen und sich vergewissern kann, dass das Projekt weiterhin geschäftlich gerechtfertigt ist und die Risiken akzeptabel sind.*

Ziel des Prozesses ist es, die Freigabe der nächsten Phase vorzubereiten. Dazu gehört der Blick zurück, die Beurteilung, inwieweit der Fortschritt mit den geplanten Vorgaben übereinstimmt und die Planung des weiteren Vorgehens. Zentrales Grundprinzip dieses Prozesses ist das Prinzip **Fortlaufende geschäftliche Rechtfertigung**. Denn eine Freigabe der nächsten Phase sollte nur dann erfolgen, wenn die geschäftliche Rechtfertigung gegeben ist.

Der Prozess fällt in den Zuständigkeitsbereich des Projektmanagers, wobei das Ergebnis des Prozesses Grundlage für die anschließende Entscheidung des Lenkungsausschusses ist. Welchen Output benötigt also der Lenkungsausschuss? Dazu gehören ein Phasenabschlussbericht, eine Aktualisierung der Projektleitdokumentation, eine Prognose des Projekts auch hinsichtlich der aktuellen Lage der offenen Punkte und Risiken, sowie ein Phasenplan für die nächste freizugebende Phase.

Dieser Prozess läuft aber nicht nur bei regulären Phasenübergängen ab. Die gleichen Aktivitäten finden statt, wenn der Lenkungsausschuss aufgrund einer gravierenden Ausnahme die Erstellung eines Ausnahmeplans angefordert hat.

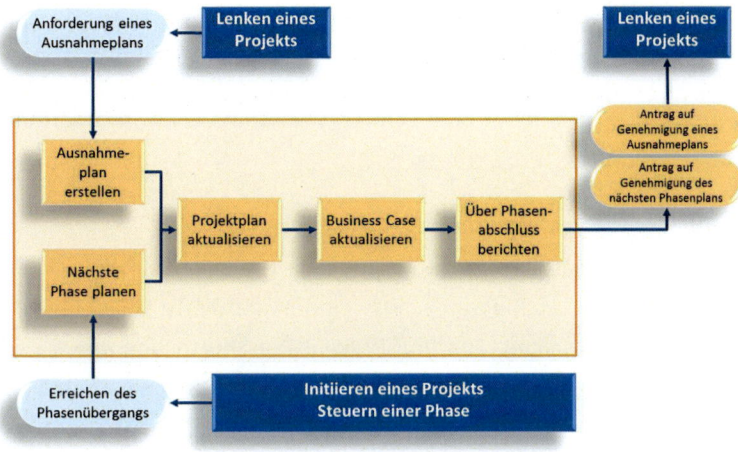

ABBILDUNG 20: PROZESS MANAGEN EINES PHASENÜBERGANGS
(Quelle: Erfolgreiche Projekte managen mit PRINCE2®, AXELOS Limited)

Aktivitäten

Nächste Phase planen

Zu dieser Aktivität gehört zunächst die Prüfung der Projektleitdokumentation: Sind die Steuerungsmittel und die Managementstrategien sinnvoll und effektiv, muss das Projektmanagementteam ggf. ergänzt werden?

Daraufhin wird der Phasenplan erstellt. Dazu wird der Projektplan herangezogen, und die für die nächste Phase geplanten Produkte werden mit Hilfe der produktbasierten Planung vervollständigt und weiter detailliert.

Projektplan aktualisieren

Die Aktualisierung des Projektplans kann der Projektmanager anhand des Phasenplans der aktuellen Phase vornehmen und mit den für die nächste Phase geplanten Produkten und Produktbeschreibungen ergänzen.

Der Projektplan dient dem Lenkungsausschuss als Grundlage für seine Beurteilung des Projektfortschritts.

Business Case aktualisieren

Um die geschäftliche Rechtfertigung des Projekts beurteilen zu können, benötigt der Lenkungsausschuss eine aktualisierte Gegenüberstellung von Nutzen, Kosten, Zeit und Risiken. Die Beurteilung dieser Aspekte, insbesondere die Nutzenerwartungen und die Risikoeinschätzung, kann der Projektmanager nur in Abstimmung mit dem Auftraggeber vornehmen, denn die Verantwortung für den Business Case trägt weiterhin der Auftraggeber.

Nach erfolgter Abstimmung wird der Business Case entsprechend aktualisiert, um anschließend dem Lenkungsausschuss zur Genehmigung vorgelegt zu werden.

Ebenso wird der Nutzenrevisionsplan aktualisiert: ggf. geänderte Nutzenerwartungen werden eingetragen und bereits realisierte Nutzen dokumentiert.

Über Phasenabschluss berichten

Im Falle eines Ausnahmeplans ist der Phasenabschlussbericht optional, ist aber ggf. sinnvoll. Die Anforderung sollte vom Lenkungsausschuss formuliert werden.

Im Falle eines regulären Phasenübergangs stellt der Projektmanager im Phasenabschlussbericht dar, inwieweit die aktuelle Phase ihre Ziele erreicht hat und die Produkte den Vorgaben gemäß abgenommen und an die Benutzer übergeben wurden. Dazu gehört auch eine Einschätzung der offenen Punkte und der Risikobelastung.

Es kann auch sinnvoll sein, über bestimmte Erfahrungen zu berichten, die für den Lenkungsausschuss oder auch die Unternehmens- oder Programmebene von Interesse sind.

Ausnahmeplan erstellen

Ein Ausnahmeplan wird vom Projektmanager erstellt, wenn dies vom Lenkungsausschuss gefordert wurde. Er wird nicht zum ursprünglich geplanten Phasenende erstellt, da die Ausnahme ja in der Regel zu jeder Zeit innerhalb der aktuellen Phase passieren kann.

Ziel ist es, die Auswirkungen der Ausnahme in einem neuen „Ersatz"-Phasenplan darzustellen. Damit werden der neue Umfang der Produkte und die ggf. neu entstandenen Abhängigkeiten noch einmal „sauber" durchgeplant und zusammengestellt. Dieser Ausnahmeplan zeigt dem Lenkungsausschuss somit, welche Auswirkungen hinsichtlich der Zeit, der Kosten und der Ressourcen die gewählte Korrekturmaßnahme tatsächlich haben würde.

Managementprodukte

- Phasenplan / Ausnahmeplan
- aktualisierte Projektleitdokumentation

Abschließen eines Projekts

> Der Zweck des Prozesses Abschließen eines Projekts *ist es,*
> *einen Punkt zu definieren, an dem die Abnahme des*
> *Projektendprodukts bestätigt wird, und anzuerkennen, dass*
> *die in der ursprünglichen Projektleitdokumentation definierten*
> *Ziele (oder auch genehmigte Änderungen der Ziele) erreicht*
> *worden sind oder mit dem Projekt keine weiteren Ergebnisse*
> *erzielt werden können.*

Dieser Prozess wird ausgelöst durch das planmäßige Erreichen des
Projektendes oder aber durch die Entscheidung des
Lenkungsausschusses, das Projekt vorzeitig abzubrechen. Der Prozess
ist nicht die letzte Phase im Projekt. Er dient vielmehr dazu, dem
Lenkungsausschuss die notwendigen Unterlagen aufzubereiten, damit
dieser das Projekt formal beenden kann. Diese Unterlagen werden vom
Projektmanager zusammengetragen.

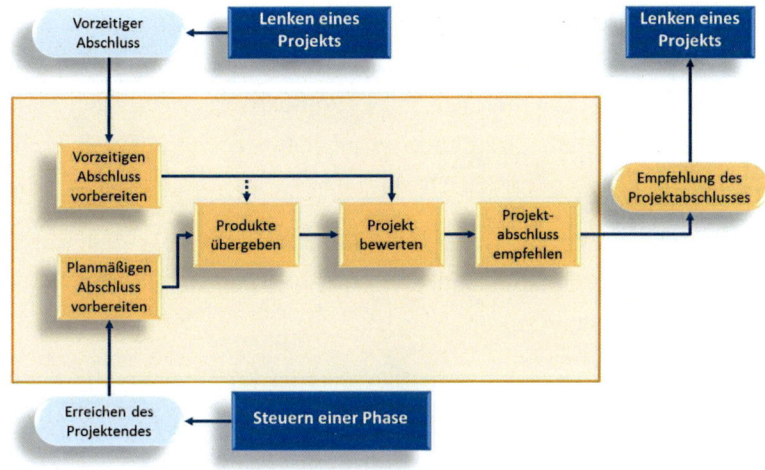

ABBILDUNG 21: PROZESS ABSCHLIEßEN EINES PROJEKTS
(Quelle: Erfolgreiche Projekte managen mit PRINCE2®, AXELOS Limited)

Aktivitäten

Planmäßigen Abschluss vorbereiten

Diese Aktivität umfasst die Aktualisierung des Projektplans auf der Grundlage des letzten Phasenplans und die Überprüfung der Abnahme der Projektprodukte anhand einer angeforderten Produktstatusauskunft.

Der Projektmanager überprüft ebenfalls, inwieweit die anfangs vereinbarten Projektabnahmekriterien erfüllt sind.

Vorzeitigen Abschluss vorbereiten

Im Falle eines vorzeitigen Abschlusses sind noch nicht alle Produkte abgenommen. Das bedeutet, dass der Projektmanager zunächst eine Produktstatusauskunft anfordern sollte. So kann er prüfen, welche Produkte bereits abgenommen wurden, welche noch gar nicht erstellt wurden und welche sich in der Herstellung befinden und daher entweder rückgebaut oder gesichert werden müssen. Ggf. können auch noch nicht fertiggestellte Produkte teilweise von anderen Bereichen genutzt werden oder im Rahmen von anderen Projekten weiterentwickelt werden.

Ziel dieser Aktivität ist es also, eine Übersicht über den Status der Produkte zu erhalten und eine Vereinbarung zu erreichen, wie mit diesen Produkten zu verfahren ist.

Der Projektplan muss daraufhin mit den ermittelten Informationen aktualisiert werden.

Da das Projektteam vorzeitig aufgelöst werden soll, ist vorab zu klären, inwieweit das Unternehmens- oder Programmmanagement über die Freigabe der Ressourcen informiert werden muss.

Produkte übergeben

Da die im Rahmen des Projekts hergestellten Produkte in die Verantwortung des Betriebs, also des Liniengeschäfts, übergeben werden sollen und die Projektorganisation aufgelöst werden wird, muss sichergestellt werden, dass dieser Betrieb auch reibungslos laufen kann.

Sicherlich können im Projekt nicht alle offenen Punkte und Risiken geschlossen werden, bevor die Projektorganisation aufgelöst wird. Daher muss das Projektteam Folgeaktionen empfehlen, auf die der Betrieb zurückgreifen kann.

Die Betriebsorganisation muss die Produkte abnehmen und in ihre Verantwortung übernehmen.

Projekt bewerten

Am Ende eines Projekts möchten das Unternehmen und der Lenkungsausschuss beurteilen, ob es ein Erfolg war. Dazu werden die ursprünglichen Projektziele, die in der Initiierung in der Projektleitdokumentation vereinbart wurden, mit den tatsächlichen Projektergebnissen verglichen. Wahrscheinlich sind einige Änderungen genehmigt worden, die Auswirkungen auf die Projektziele hatten.

Im Projektabschlussbericht führt der Projektmanager auf, inwieweit das Projekt „im Plan" abgeschlossen werden konnte und worauf mögliche Abweichungen zurückzuführen sind.

Ob das Projekt den prognostizierten Nutzen erreicht hat, kann der Projektmanager noch nicht mit Bestimmtheit sagen. Zum Projektende ist in der Regel höchstens ein Teilnutzen erzielt worden. Er kann jedoch Aussagen dazu machen, inwieweit der Betrieb in die Lage versetzt wurde, die Produkte auch nutzenbringend zu verwenden.

Erfahrungen, die für spätere Projekte oder für das Programm von Interesse sind, können in einem Erfahrungsbericht beigelegt werden.

Projektabschluss empfehlen

Der Projektmanager vervollständigt und schließt die Register sowie das Tagebuch und das Erfahrungsprotokoll. Er überprüft in der Kommunikationsmanagementstrategie, welche Parteien über den Projektabschluss informiert werden müssen und erstellt den Entwurf zur Ankündigung des Projektabschlusses, den er dem Lenkungsausschuss zur Verfügung stellt.

PRINCE2 an die Projektumgebung anpassen

PRINCE2 ist auf alle Arten von Projekten anwendbar. Nimmt man alleine den Aspekt der Größe von Projekten, wird schnell klar, dass eine vorgegebene Methodik ohne vorherige Anpassung entweder mit Kanonen auf Spatzen schießen wird oder nur unzureichende Steuerungsmöglichkeiten bietet. In beiden Fällen wird die Governance nicht gewährleistet sein, und die Methodik wird allenfalls auf dem Papier ausgeführt. Das aber heißt, der Einsatz der Methodik wird dem Unternehmen keinen optimalen Nutzen bringen.

Eine Anpassung der PRINCE2 Methodik auf das Projekt ist also unerlässlich.

Anpassung vs. Integration

Die Anpassung von PRINCE2 ist nicht mit der Einführung und Integration der Methodik als Standard in einer Organisation zu verwechseln. Die **Integration** der Methodik betrachtet allgemeine Vorgaben des Unternehmens zur Handhabung von Projekten, z. B. die Definition von „Projekt" in Abgrenzung zu „Aufgabe" oder „Programm" oder die Einbindung der Geschäftsprozesse, z. B. der Qualitätssicherung.

Anpassung hingegen bezieht sich auf die Aufgabe des Projektmanagementteams, die Methodik so zuzuschneiden, dass das Projektmanagement des konkreten Projekts so effizient wie möglich verläuft. Diese Aktivitäten erfolgen im Prozess **Initiieren eines Projekts**, in dem die Managementstrategien erstellt werden, die Steuerungsmittel festgelegt, die Produktbeschreibungen für die

Managementprodukte erstellt und die Rollenbeschreibungen des Projektmanagementteams definiert werden.

Was soll angepasst werden?

Anpassung der Grundprinzipien

Die PRINCE2 Methodik gibt einen Rahmen vor, der als solcher nicht angepasst werden darf. Dieser Rahmen besteht in erster Linie aus den Grundprinzipien. Ohne Anwendung der Grundprinzipien kein PRINCE2 Projekt.

Anpassung der Themen

Die Managementstrategien bieten die Möglichkeit, für das Projekt geeignete Verfahren, Richtlinien, Techniken und Verantwortlichkeiten zu vereinbaren. Wenn externe Lieferanten Teil des Projektmanagementteams sind, müssen die Regeln für die Projektorganisation vereinheitlicht werden.

Auch der Umfang der Projektsteuerungsmittel ist dem konkreten Projekt anzupassen. Bei kleineren, überschaubaren Projekten ist das Niveau der Berichterstattung sicherlich kleiner zu halten als bei großen, komplexeren Projekten.

Anpassung der Terminologie

Die PRINCE2-Terminologie muss nicht notwendigerweise übernommen werden. Insbesondere wenn schon unternehmensweit andere Begriffe benutzt werden, können diese weitergeführt werden (z. B. Projektleiter statt Projektmanager, Business Plan statt Business Case, Kommunikationsplan statt Kommunikationsmanagementstrategie). Das trägt zudem zum besseren Verständnis innerhalb der Organisation und damit auch zur Governance bei.

Anpassung der Managementprodukte

PRINCE2 kennt 26 Produktbeschreibungen von Managementprodukten. Die Vorstellung, 26 Dokumente füllen zu müssen und dadurch die eigentliche Projektarbeit nicht mehr zu schaffen, ruft bei jedem Projektmanager sofort eine ablehnende Haltung hervor.

Ein gutes Managementprodukt jedoch unterstützt das Projektmanagementteam dabei, das Projekt erfolgreich durchzuführen. Ist die Zusammensetzung zu umfangreich oder zu missverständlich, wird es nicht zielführend ausgefüllt und verliert damit seinen Nutzen. Das Projektmanagementteam muss entscheiden, welche Informationen in welcher Form zur Verfügung gestellt werden müssen: Immer unter der Prämisse einer Notwendigkeit für den Projekterfolg.

Ein Beispiel: In einem kleinen Projekt kann eine Kommunikationsmanagementstrategie vielleicht aus nicht mehr als 3 Sätzen und einer RACI-Matrix als Kapitel der Projektleitdokumentation bestehen.

Anpassung der Rollen

Je nach Eignung der für das Projektmanagementteam vorgesehenen Personen müssen die Rollenbeschreibungen vielleicht angepasst werden. In einem Programmumfeld würde wahrscheinlich die Verantwortung für den Nutzenrevisionsplan auf Programmebene liegen.

Bei kleinen Projekten würde eine Person ggf. mehrere Rollen übernehmen. Der Lenkungsausschuss würde in diesem Fall die Projektsicherung und den Änderungsausschuss selbst übernehmen, und der Projektmanager würde die Rolle des Teammanagers und der Projektunterstützung ebenfalls übernehmen.

Anpassung der Prozesse

In einem PRINCE2-Projekt müssen alle vorgegebenen Prozessaktivitäten durchgeführt werden. Dieses Vorgehen kann als eine Art Checkliste angesehen werden. Die Aktivitäten müssen dabei nicht viel Zeit in Anspruch nehmen. Es geht vielmehr darum, durch eine strukturierte Abarbeitung sicherzustellen, dass Abhängigkeiten berücksichtigt und Entscheidungswege eingehalten wurden.

Anpassung verschiedener Arten von Projekten

Projekte in einer Programmumgebung

Die Anpassung von Projekten in einer Programmumgebung zielt in erster Linie auf die Tatsache, dass über der Lenkungsebene des Projekts noch eine Programmebene steht, die übergeordnete Nutzenziele hat und Entscheidungen über die Vergabe von Budgets und Ressourcen aus Programmsicht treffen muss. Das hat Auswirkungen auf die Projektorganisation, in der die Schnittstellen zum Programm definiert werden müssen. Beispielsweise wird der Auftraggeber gleichzeitig im Programmausschuss sitzen.

Auch die Nutzenrevision wird wahrscheinlich auf Programmebene vorgegeben und durchgeführt werden.

Kleines Projekt

Bei kleinen Projekten muss insbesondere darauf geachtet werden, dass der Aufwand für die Projektsteuerungsmittel und die Managementprodukte nicht zu groß wird. Trotzdem muss eine belastbare Planung, Kontrolle und Dokumentation erfolgen.

Beispielsweise können die Informationen aus Vorbereiten und Initiieren eines Projekts in der Projektleitdokumentation zusammengefasst werden. Für den Projektplan genügen eine Aufstellung der zu erstellenden Produkte, ein einfacher Zeitplan und die Angabe der benötigten Ressourcen. Der Business Case kann in einfachen Worten darstellen, warum das Projekt gerechtfertigt ist und welche Einschränkungen ggf. vorliegen.

Was die Projektorganisation angeht, werden vielleicht keine Teammanager benötigt, weil der Projektmanager selbst diese Rolle übernimmt. In diesem Fall sind auch Teampläne und Teamstatusberichte hinfällig.

Ggf. reicht es, wenn eine einfache Dokumentation über offene Punkte und Risiken geführt wird. Dazu sind nicht unbedingt einzelne Register notwendig, sondern es reicht die Dokumentation im Projekttagebuch.

Kommerzielles Kunden-Lieferanten-Projekt

Der zentrale Aspekt bei dieser Art Projekt ist die Tatsache, dass hier Kunde und Lieferant jeweils einen eigenen Business Case haben, der für sie das Projekt rechtfertigt. In Hinblick auf die PRINCE2 Forderung, dass die drei Projektinteressen Unternehmen, Benutzer und Lieferant im Projekt eine Schnittmenge finden müssen, heißt das, dass versucht werden muss, die beiden Business Cases in Einklang zu bringen. Nur wenn Kunde und Lieferant einen gültigen Business Case haben, kann das Projekt zum Erfolg führen.

Eine Problematik im Lenkungsausschuss ist sicherlich die Tatsache, dass der externe Lieferant Teil des Entscheidungsgremiums des Projekts wird. Dazu gibt es 2 Lösungsansätze: Entweder man belässt den externen Lieferanten im Lenkungsausschuss und bespricht bestimmte Punkte unter Ausschluss des Lieferantenvertreters, oder man beruft denjenigen zum Lieferantenvertreter, der im Unternehmen für den

Lieferantenvertrag verantwortlich ist, beispielsweise den Einkaufsleiter.

Organisationsübergreifende Projekte

Für organisationsübergreifende Projekte, z. B. Joint Ventures besteht die Problematik darin, dass es mehrere Auftraggeber gibt. Hier gilt es eine Vereinbarung zu finden, wie die Gesamtverantwortlichkeit für das Projekt eindeutig geregelt werden kann.

Auch die Business Cases werden – wie bei kommerziellen Kunden-Lieferanten-Projekten – ggf. unterschiedlich sein, so dass hier ebenfalls ein besonderes Augenmerk darauf gelegt werden muss, diese in Einklang zu bringen.

Die Zielsetzung bei der Anpassung muss grundsätzlich dahin gehen, dass gemeinsame Projektziele vereinbart werden, die für alle Parteien einen ähnlichen Nutzen erwarten lassen.

Anpassung auf die Projektart

Projekte unterscheiden sich oft darin, wie gut es möglich ist, die Projektziele genau zu definieren. In einem klassischen Forschungs- oder Entwicklungsprojekt wird dies schwieriger sein als in einem Projekt, das nach klaren Vorgaben schon in der Vergangenheit in ähnlicher Form durchgeführt wurde.

Agile Projekte mit Schwerpunkt auf kurzen Entwicklungszyklen müssen weitere Toleranzen setzen und auf kürzere Phasen setzen. Wichtig ist es klarzustellen, auf welchen der 6 Dimensionen der Fokus bei der Projektsteuerung gelegt werden soll: Soll die Zeit unbedingt eingehalten oder die Qualität in vollem Umfang erreicht werden?

Auch die Projektsteuerungsmittel müssen dem Entwicklungscharakter Rechnung tragen und müssen auf die Entwicklungszyklen abgestimmt werden.

Produktbeschreibungen

A.01 Arbeitspaket

A.1.1 Zweck

Ein Arbeitspaket enthält die Summe der Informationen, die der Projektmanager zu einem oder mehreren benötigten Produkten zusammengestellt hat, damit die Verantwortlichkeiten für die Durchführung von Arbeiten oder die Lieferung von Produkten formell an einen Teammanager oder ein Teammitglied übergeben werden können.

A.1.2 Zusammensetzung

- **Datum**: Datum der Vereinbarung zwischen dem Projektmanager und dem beauftragten Teammanager/Teammitglied
- **Beauftragtes Team/Mitglied**: Name des Teammanagers oder Mitarbeiters, mit dem die Vereinbarung getroffen wurde
- **Arbeitspaketbeschreibung**: Eine Beschreibung der durchzuführenden Arbeiten
- **Techniken, Prozesse und Verfahren**: Die bei der Erstellung der Spezialistenprodukte zu verwendenden Techniken, Werkzeuge, Standards, Prozesse oder Verfahren
- **Schnittstellen bei Erstellung**: Die Schnittstellen, die bei der Erstellung der Produkte beachtet werden müssen
- **Betriebs- und Wartungsschnittstellen**: Identifikation der Spezialistenprodukte, mit denen das (die) Produkt(e) des Arbeitspakets im operativen Einsatz arbeiten muss (müssen).
- **Anforderungen des Konfigurationsmanagements**

- **Vereinbarungen**: Einzelheiten der Vereinbarungen in Bezug auf Arbeitsaufwand, Kosten, Start- und Endtermine sowie wichtige Meilensteine für das Arbeitspaket
- **Toleranzen**: Details der Toleranzen für das Arbeitspaket (für den Zeit- und Kostenaufwand müssen, bei Umfang und Risiko können Toleranzwerte festgelegt werden)
- **Einschränkungen**
- **Vereinbarte Berichterstattung**: Erwartete Inhalte und Intervalle der Teamstatusberichte
- **Problembehandlung und -eskalation**: Beschreibung des Verfahrens für das Melden offener Punkte und Risiken
- **Auszüge oder Verweise**: beispielsweise:
  - Auszug aus dem Phasenplan
  - Produktbeschreibung(en)
- **Abnahmemethode**: Die Person, Rolle oder Gruppe, die die fertiggestellten Produkte innerhalb des Arbeitspakets abnimmt, und Beschreibung, wie der Projektmanager über die Fertigstellung des Arbeitspakets in Kenntnis zu setzen ist

A.02 Ausnahmebericht

A.2.1 Zweck

Ein Ausnahmebericht wird erstellt, wenn ein Phasen- oder Projektplan voraussichtlich die Toleranzgrenzen überschreiten wird.

A.2.2 Zusammensetzung

- **Titel der Ausnahme**: Überblick über die gemeldete Ausnahme
- **Ursache der Ausnahme**: Beschreibung der Gründe für eine Abweichung vom aktuellen Plan
- **Konsequenzen der Planabweichung**: Wenn die Abweichung nicht behandelt wird, welche Auswirkungen sind dann zu erwarten für:
    - das Projekt?
    - das Unternehmens- oder Programmmanagement?
- **Optionen**: Welche Möglichkeiten gibt es, die Abweichung zu behandeln, und welche Auswirkungen hätte jede dieser Optionen auf den Business Case, die Risiken und die Toleranzen?
- **Empfehlung**: Welche der verfügbaren Optionen wird empfohlen und warum?
- **Erfahrungen**: Welche Lehren können aus dieser Ausnahme für das laufende Projekt oder zukünftige Projekte gezogen werden?

A.03 Business Case

A.3.1 Zweck

Ein Business Case ist die Dokumentation der Rechtfertigung für ein Projekt, basierend auf den geschätzten Kosten für Entwicklung und Implementierung sowie laufende Betriebs- und Wartungskosten im Vergleich zu dem erwarteten Nutzen und den dagegen stehenden Risiken.

A.3.2 Zusammensetzung

- **Zusammenfassung**: Auflistung der im Business Case erläuterten Schlüsselargumente
- **Gründe**: Definition der Gründe für die Durchführung des Projekts und Erläuterung, wie das Projekt die Strategien und Ziele des Unternehmens unterstützt
- **Optionen**: Analyse und begründete Empfehlung für eine der drei grundsätzlich verfügbaren Optionen: „Nulloption" (Do Nothing), „Minimumoption" (Do Minimum) oder „Minimum-Plus-Option" (Do Something)
- **Erwarteter Nutzen**: Nutzen, den das Projekt voraussichtlich liefern wird, ausgedrückt in messbaren Kriterien im Vergleich zu der Situation vor Durchführung des Projekts. Der Nutzen sollte sowohl qualitativ als auch quantitativ sein. Er sollte auf den Nutzen des Unternehmens bzw. Programms ausgerichtet sein. Sowohl für die einzelnen Nutzenaspekte als auch für den Projektnutzen insgesamt sollten Toleranzwerte festgelegt werden. Die zur Realisierung des Nutzens zu erfüllenden Anforderungen sind zu beschreiben
- **Erwartete negative Nebeneffekte**: Projektergebnisse, die von einem oder mehreren Stakeholdern als negativ betrachtet

werden. Negative Nebeneffekte sind tatsächliche Konsequenzen einer Aktivität, während bei Risiken per Definition eine gewisse Unsicherheit besteht, ob sie eintreten werden. Nebeneffekte müssen als Teil der Investitionsrechnung analysiert und bewertet werden

- **Zeitrahmen**: Laufzeit des Projekts und Zeitraum innerhalb dessen der Nutzen realisiert wird

- **Kosten**: Zusammenfassung der Projektkosten (entnommen aus dem Projektplan), der laufenden Betriebs-/Wartungskosten und deren Finanzierung

- **Investitionsrechnung**: Vergleich des insgesamt erwarteten Nutzens und der negativen Nebeneffekte mit den Projektkosten (entnommen aus dem Projektplan) sowie den laufenden Betriebs- und Wartungskosten. Es geht in erster Linie darum, den Wert eines Projekts als Investition zu definieren. In der Investitionsrechnung ist auszuweisen, wie das Projekt finanziert werden soll

- **Hauptrisiken**: Zusammenfassung der mit dem Projekt verbundenen Hauptrisiken, ihrer wahrscheinlichen Auswirkungen und der Planung für den Fall ihres Eintretens

A.04 Erfahrungsbericht

A.4.1 Zweck

Weitergabe von Erfahrungen, die auch anderen Projekten zugutekommen können. Dieser Bericht soll Handlungsanstöße geben, d. h. positive Erfahrungen sollen fester Bestandteil der Arbeitsprozesse des Unternehmens und negative Erfahrungen in zukünftigen Projekten vermieden werden.

Üblicherweise ist der Erfahrungsbericht Bestandteil des Phasenabschluss- und des Projektabschlussberichts.

A.4.2 Zusammensetzung

- Zusammenfassung
- Umfang des Berichts, z. B. Phase oder Projekt
- Erläuterung, was erfolgreich war, was schlecht lief. Insbesondere:
- PM-Methode einschließlich Anpassung von PRINCE2
- Verwendete Spezialistenmethoden
- Projektstrategien
- Projektsteuerungsmittel und deren Anpassung
- Ungewöhnliche Ereignisse
- Überblick über aufschlussreiche Messungen und Ergebnisse wie beispielsweise:
- Aufwand für die Erstellung der verschiedenen Produkte
- Effektivität des Qualitätsmanagements
- Statistiken der offenen Punkte und Risiken

A.05 Erfahrungsprotokoll

A.5.1 Zweck

Das Erfahrungsprotokoll sammelt gute und schlechte Erfahrungen, die für dieses Projekt oder für zukünftige Projekte von Nutzen sein können.

A.5.2 Zusammensetzung

- **Art der Erfahrung**: Definiert den Typ der erfassten Erfahrung:
  - Projekt – anwendbar auf dieses Projekt
  - Unternehmen oder Programm – Weiterleitung an das Unternehmens- oder Programmmanagement
  - Sowohl Projekt- als auch Unternehmens- oder Programmmanagement.
- **Details**: Weitere Einzelheiten wie beispielsweise:
  - Ereignis
  - Auswirkungen (z. B. positive/negative finanzielle Auswirkungen)
  - Ursachen/Auslöser
  - Ob es Frühwarnzeichen gegeben hat
  - Empfehlungen
  - Ob die Erfahrung zuvor bereits als Risiko identifiziert worden war (Bedrohung oder Chance)
- **Protokolliert am**: Datum, an dem die Erfahrung erstmalig eingetragen wurde
- **Protokolliert durch**: Name der Person bzw. des Teams, die/das die Erfahrung eingetragen hat
- **Priorität**: Entsprechend den Bewertungsskalen des Projekts

A.06 Kommunikationsmanagementstrategie

A.6.1 Zweck

Eine Kommunikationsmanagementstrategie beschreibt die Kommunikationswege und die Häufigkeit der Kommunikation mit den Parteien innerhalb und außerhalb des Projekts.

A.6.2 Zusammensetzung

- **Einführung**: Nennt den Zweck, die Ziele, den Umfang und wer für die Strategie verantwortlich ist
- **Kommunikationsverfahren**: Beschreibung der, bzw. Verweis auf die, zu verwendenden Kommunikationsmethoden. Abweichungen von den Standards des Unternehmens- oder Programmmanagements sollten angemerkt und begründet werden
- **Tools und Techniken**: Beschreibung geeigneter Kommunikations-Tools und der für die einzelnen Schritte im Kommunikationsprozess vorgesehenen Techniken
- **Dokumentation**: Definition, welche Kommunikationsdaten benötigt und wo diese aufbewahrt werden, beispielsweise Protokollierung externer Korrespondenz
- **Berichterstattung**: Beschreibung der im Zusammenhang mit dem Kommunikationsprozess zu erstellenden Berichte, deren Zweck, Zeitpunkte der Erstellung und Empfänger z. B. Leistungsindikatoren
- **Zeitplanung von Kommunikationsmanagementaktivitäten**: Zeitpunkte, zu denen formelle Kommunikationsmanagementaktivitäten, beispielsweise am Ende einer Phase, durchgeführt werden sollen, unter anderem auch Audits der Kommunikationsmethoden

- **Rollen und Verantwortlichkeiten**: Angabe, wer für welche Aspekte des Kommunikationsmanagementprozesses verantwortlich sein wird. Dazu gehören unter anderem auch die an der Kommunikation beteiligten Rollen des Unternehmens- oder Programmmanagements
- **Analyse der Stakeholder:**
  - Identifikation interessierter Parteien
  - (beispielsweise Mitarbeiter im Rechnungswesen, Benutzerforen, Innenrevision, Qualitätssicherung des Unternehmens oder Programms, Wettbewerber etc.)
  - Derzeitige Beziehung
  - Angestrebte Beziehung
  - Schnittstellen
- **Schlüsselaussagen**
- **Informationsbedarf für jede interessierte Partei:**
  - Vom Projekt zu liefernde Informationen
  - An das Projekt zu liefernde Informationen
  - Informationsquelle und Informationsempfänger
  - Kommunikationsintervalle
  - Kommunikationswege
  - Format der Kommunikation

A.07 Konfigurationsdatensatz

A.7.1 Zweck

Bereitstellung von Datensätzen, in denen Status, Version und Variante der einzelnen Konfigurationselemente sowie die Beziehungen zwischen den Konfigurationselementen beschrieben sind.

A.7.2 Zusammensetzung

Die Zusammensetzung eines Konfigurationsdatensatzes wird in der Konfigurationsmanagementstrategie definiert.

- **Projektkennziffer**: Eindeutige Kennzeichnung. In der Regel numerisch oder alphanumerisch
- **Kennziffer**: Eindeutige Kennzeichnung. In der Regel numerisch oder alphanumerisch
- **Aktuelle Version**: In der Regel alphanumerisch
- **Titel**: Beschreibung des Konfigurationselements wie im Produktstrukturplan aufgeführt
- **Datum der letzten Statusänderung**
- **Eigentümer**: Person oder Gruppe, die nach der Übergabe für das Konfigurationselement verantwortlich ist
- **Standort**: Ablageort des Konfigurationselements
- **Empfänger/Benutzer von Kopien (gegebenenfalls)**: Bei wem sich das Produkt aktuell befindet
- **Typ**: Komponente, Produkt, Release
- **Attribute des Konfigurationselements**: Wie in der Konfigurationsmanagementstrategie definiert. Mit diesen Angaben werden bei der Erstellung einer Produktstatusauskunft Teilprodukte spezifiziert, beispielsweise durch Angabe der Managementphase, in der

das Produkt erstellt wird, Art des Produkts (z. B. Hardware/Software), Bestimmungsort des Produkts etc.

- **Managementphase:** Wann das Produkt entwickelt wird
- **Benutzer:** Die Person oder Gruppe, die mit dem Produkt arbeitet
- **Status:** Wie in der Konfigurationsmanagementstrategie definiert, z. B. Entwicklung anstehend, Entwicklung läuft, Prüfung läuft, abgenommen, übergeben
- **Produktzustand** (falls verwendet): Wie in der Produktbeschreibung definiert, z. B. „Maschine demontiert, Maschine versetzt und Maschine montiert".
- **Variante** (falls verwendet): Beispielsweise in verschiedenen Sprachen
- **Ersteller:** Die Person bzw. das Team, die/das für die Erstellung bzw. Beschaffung des Produkts verantwortlich ist
- **Datum der Zuweisung:** Zum Ersteller
- **Quelle:** Beispielsweise intern oder extern beschafft
- **Beziehungen zu anderen Produkten:** Produkte, die:
  - o betroffen sind, wenn dieses Produkt geändert wird
  - o Auswirkungen auf dieses Produkt haben, wenn sie geändert werden
- **Querverweise:**
  - o auf offene Punkte und Risiken
  - o auf Dokumente, in denen Anforderungen, Entwurf, Entwicklung, Herstellung und die Überprüfung des Produkts definiert sind, betrifft insbesondere die Produktbeschreibung

A.08 Konfigurationsmanagementstrategie

A.8.1 Zweck

Eine Konfigurationsmanagementstrategie legt fest, wie und von wem die Produkte eines Projekts kontrolliert und geschützt werden. Sie beantwortet folgende Fragen:

- Wie und wo die Produkte des Projekts aufbewahrt werden
- Welche Vorkehrungen für die sichere Aufbewahrung und Wiederauffindung getroffen werden
- Wie die Produkte und die verschiedenen Versionen und Varianten gekennzeichnet werden
- Wie Änderungen der Produkte kontrolliert werden
- Wer für das Konfigurationsmanagement verantwortlich ist

A.8.2 Zusammensetzung

- **Einführung**: Nennt den Zweck, die Ziele, den Umfang und die Verantwortung für die Strategie
- **Konfigurationsmanagementverfahren**: Beschreibung des zu verwendenden Konfigurationsmanagementverfahrens. Das Verfahren sollte Aktivitäten wie Planen, Identifizieren, Steuern, Status protokollieren sowie Verifizieren und Audits abdecken
- **Verfahren für die Steuerung offener Punkte und Änderungen**: Eine Beschreibung der bzw. ein Verweis auf die Verfahren für die Steuerung offener Punkte und Änderungen. Abweichungen von den Standards des Unternehmens- oder Programmmanagements sollten angemerkt und begründet werden. Das Verfahren sollte Verfahren wie Erfassen, Untersuchen, Vorschlagen, Entscheidung treffen, Implementieren abdecken

- **Tools und Techniken**: Beschreibung geeigneter Kommunikationsmanagementsysteme oder Werkzeuge und der für die einzelnen Schritte im Konfigurationsmanagementverfahren vorgesehenen Techniken
- **Dokumentation**: Definition der Zusammensetzung und des Formats des Registers offener Punkte und der Konfigurationsdatensätze
- **Berichterstattung**: Beschreibung der Zusammensetzung und des Formats der zu erstellenden Berichte (Offener-Punkt-Bericht, Produktstatusauskunft), deren Zweck, Terminierung und Empfänger
- **Zeitplanung der Konfigurationsmanagementaktivitäten und der Aktivitäten für die Steuerung offener Punkte und Änderungen**: Zeitpunkte, zu denen formelle Aktivitäten durchgeführt werden sollen, unter anderem auch Konfigurationsaudits
- **Rollen und Verantwortlichkeiten**: Angabe, wer für welche Aspekte der Verfahren verantwortlich sein wird. Dazu gehören unter anderem auch die an dem Konfigurationsmanagement der Produkte des Projekts beteiligten Rollen des Unternehmens- oder Programmmanagements. Gibt unter anderem an, ob ein Änderungsausschuss eingerichtet und/oder ein Änderungsbudget bereitgestellt werden wird
- **Bewertungsskala für Priorität und Schweregrad**: Für die Priorisierung von Änderungen und Spezifikationsabweichungen und die Festlegung, welche Managementebene über offene Punkte welcher Dringlichkeit entscheiden kann

A.09 Nutzenrevisionsplan

A.9.1 Zweck

Ein Nutzenrevisionsplan zeigt, wie und wann festgestellt werden kann, ob ein Projekt den vom Benutzervertreter erwarteten Nutzen erzielt hat.

Der Plan muss die Aktivitäten enthalten, mit denen festgestellt werden kann, ob der von den Produkten erwartete Nutzen erzielt worden ist, und wie die Produkte sich in der Praxis bewährt haben.

A.9.2 Zusammensetzung

- Umfang des Nutzenrevisionsplans, d. h. welcher Nutzen gemessen werden soll
- Wer für die Erzielung des erwarteten Nutzens verantwortlich ist
- Wie und wann das Erreichen des erwarteten Nutzens gemessen werden kann
- Welche Ressourcen für die Durchführung der Revision benötigt werden
- Baseline-Vergleichswerte zur Messung der eingetretenen Verbesserungen
- Wie die Leistung des Projektendprodukts geprüft werden wird

A.10 Offener-Punkt-Bericht

A.10.1 Zweck

Ein Offener-Punkt-Bericht umfasst die Beschreibung, Auswirkungsanalyse und Empfehlungen zur Behandlung eines Änderungsantrags, einer Spezifikationsabweichung oder eines Problems/Anliegens. Nur offene Punkte, die formell bearbeitet werden müssen, werden derart dokumentiert.

Der Bericht wird bei der Erfassung des offenen Punkts erstmalig angelegt und jeweils aktualisiert, wenn sich Änderungen am Status der Bearbeitung ergeben haben.

A.10.2 Zusammensetzung

- **Kennziffer**: Wie im Register offener Punkte enthalten (ermöglicht eine eindeutige Kennzeichnung jedes offenen Punkts)
- **Typ**: Definiert den Typ des erfassten offenen Punkts als
    - o Änderungsantrag
    - o Spezifikationsabweichung
    - o Problem/Anliegen
- **Datum des Eintrags**: Datum, an dem der offene Punkt ursprünglich gemeldet worden ist
- **Gemeldet von**: Name der Person bzw. des Teams, die/das den offenen Punkt gemeldet hat
- **Autor des Berichts**: Name der Person bzw. des Teams, die/das den Offenen-Punkt-Bericht erstellt hat
- **Beschreibung**: Darstellung des offenen Punkts mit Erläuterung der Ursache und der Auswirkungen
- **Auswirkungsanalyse**: Detaillierte Analyse der wahrscheinlichen Auswirkungen des offenen Punkts. Hierbei

können unter anderem die betroffenen Produkte aufgelistet werden

- **Empfehlung**: Vorschlag des Projektmanagers, wie (und warum) der offene Punkt bearbeitet werden sollte
- **Priorität**: Diese sollte entsprechend der Bewertungsskala des Projekts eingestuft werden. Nach der Auswirkungsanalyse sollten die Prioritäten neu bewertet werden
- **Schweregrad**: Dies sollte entsprechend der Bewertungsskala des Projekts eingestuft werden. Davon lässt sich ableiten, welche Managementebene über den offenen Punkt entscheiden muss
- **Entscheidung**: Getroffene Entscheidung (Akzeptieren, Ablehnen, Zurückstellen oder Konzession gewähren)
- **Genehmigt durch**: Name des Entscheidungsträgers
- **Datum der Entscheidung**: Datum, an dem die Entscheidung getroffen wurde
- **Abschluss der Bearbeitung**: Datum, an dem der offene Punkt abgeschlossen wurde

A.11 Phasenabschlussbericht

A.11.1 Zweck

Ein Phasenabschlussbericht liefert eine Zusammenfassung der bis zu dem betreffenden Zeitpunkt erzielten Fortschritte, einen Überblick über den Projektstatus und eine ausreichende Informationsgrundlage für den Lenkungsausschuss, damit dieser über die nächsten Projektschritte entscheiden kann.

Anhand der Informationen im Phasenabschlussbericht und anhand des Plans für die nächste Phase entscheidet der Lenkungsausschuss über die nächsten Maßnahmen: Freigabe der nächsten Phase, Änderung des Projektumfangs oder Abbruch des Projekts.

A.11.2 Zusammensetzung

- **Bericht des Projektmanagers**: Zusammenfassung der in der Phase erzielten Ergebnisse
- **Darstellung des Business Case**: Zusammenfassende Beurteilung, ob der Business Case des Projekts noch gültig ist
- **Bewertung der Projektziele**: Vergleich der bisherigen Leistung des Projekts mit den Planzielen und Toleranzen für Zeit, Kosten, Qualität, Umfang, Nutzen und Risiko
- **Effektivität der Strategien und Steuerungsmittel des Projekts**
- **Bewertung der Phasenziele**: Bisherige Leistung der Phase im Vergleich zu den Planzielen und Toleranzen für Zeit, Kosten, Qualität, Umfang, Nutzen und Risiko
- **Bewertung der Leistung des Teams**: Insbesondere Anerkennung guter Leistung

- **Bewertung der Produkte:**
  - Qualitätsdokumentation: Auflistung der laut Plan in der Phase geplanten und tatsächlich abgeschlossenen Qualitätsaktivitäten
  - Produktabnahmedokumentation: Auflistung der laut Plan in der Phase fertig zu stellenden Produkte und deren entsprechenden Abnahmen
  - Spezifikationsabweichungen: Auflistung fehlender Produkte oder Produkte, die die ursprünglichen Anforderungen nicht erfüllen, und Bestätigung aller gewährten Konzessionen
  - (Gegebenenfalls) Teil-Übergabe: Bestätigung des Kunden, dass die Betriebs- und Wartungsfunktionen das Release übernehmen können
- (Gegebenenfalls) **Zusammenstellung von Empfehlungen für Folgeaktionen**
- (Gegebenenfalls) **Erfahrungsbericht**
- **Offene Punkte und Risiken:** Zusammenfassung der offenen Punkte und Risiken, die Auswirkungen auf das Projekt haben
- **Prognose:** Die Prognose des Projektmanagers für das Projekt und die nächste Phase im Vergleich zu den Planzielen und den Toleranzen für Zeit, Kosten, Qualität, Umfang, Nutzen und Risiken

Für den Phasenabschlussbericht am Ende der Initiierungsphase sind möglicherweise nicht alle obigen Informationen angebracht oder notwendig.

A.12 Plan

A.12.1 Zweck

Ein Plan beschreibt, wie und wann die Ziele eines Projekts realisiert werden sollen, indem die wichtigsten dem Umfang des Plans entsprechenden Produkte, Aktivitäten und Ressourcen aufgezeigt werden. Ein Ausnahmeplan wird auf derselben Ebene erstellt wie der Plan, an dessen Stelle er tritt.

Phasenpläne beschreiben die Produkte, Ressourcen, Aktivitäten und Steuerungsmittel für eine Phase und sind die Vergleichsgrundlage für die Überprüfung des Fortschritts einer Phase.

Für Teampläne (falls erstellt) kann ein Zeitplan genügen, der an das Arbeitspaket angehängt ist.

Ein Plan sollte nicht nur die Aktivitäten für die Herstellung von Produkten, sondern auch die Aktivitäten für das Management ihrer Herstellung beschreiben.

A.12.2 Zusammensetzung

- **Planbeschreibung**: Kurze Beschreibung des Planungsgegenstands (d. h. Projekt, Phase, Team, Ausnahme) und des Planungsansatzes
- **Planvoraussetzungen**: Anforderung, die erfüllt sein muss, bevor die Umsetzung des Plans in Angriff genommen werden kann
- **Externe Abhängigkeiten**: Die den Plan beeinflussen können
- **Planungsannahmen**: Auf denen der Plan basiert
- **Einbezogene Erfahrungswerte**: Nützliche Erfahrungen aus früheren, ähnlichen Projekten, die betrachtet und in diesen Plan eingearbeitet wurden

- **Überwachung und Steuerung**: Art der Überwachung und Steuerung des Plans
- **Budgets**: Abdeckung des Zeit- und Kostenaufwands einschließlich der Bereitstellung von Budgets zur Abdeckung von Risiken und Änderungen
- **Toleranzen**: Zeit-, Kosten- und Umfangtoleranzen für die jeweilige Planebene (gegebenenfalls auch konkretere Risikotoleranzen auf Phasen- oder Teamebene)
- **(A.13) Produktbeschreibung**: Für die zum Planungsumfang gehörigen Produkte (für den Projektplan ist dies das Projektendprodukt, für den Phasenplan sind dies die Phasenprodukte und für einen Teamplan ist dies ein Verweis auf das zugewiesene Arbeitspaket)
- **Zeitplan**: Unter anderem mit folgenden grafischen Darstellungen:
  - Gantt-Chart oder Balkendiagramm
  - Produktstrukturplan
  - Produktflussdiagramm
  - Aktivitätennetzplan
  - Aufstellung des Ressourcenbedarfs – nach Ressourcenart (z. B. 4 Techniker, 1 Test- Manager, 1 Analytiker)
  - Aufstellung der angeforderten/ zugewiesenen Ressourcen – namentlich

A.13 Produktbeschreibung

A.13.1 Zweck

Eine Produktbeschreibung wird verwendet um Verständnis für Art, Zweck, Funktion und Erscheinungsbild des Produkts zu schaffen.

A.13.2 Zusammensetzung

- **Kennzeichnung**: Eindeutiger Schlüssel, wahrscheinlich vorgegeben durch die Konfigurationsmanagementmethode
- **Titel**: Name, unter dem das Produkt bekannt ist
- **Zweck**: Beschreibung der mit dem Produkt verfolgten Absicht und wer damit arbeiten wird
- **Zusammensetzung**: Auflistung der verschiedenen Bestandteile des Produkts. Wenn es sich bei einem Produkt um einen Bericht handelt, werden beispielsweise die voraussichtlichen Kapitel oder Abschnitte aufgelistet
- **Herkunft/Ableitung**: Von welchen Ausgangsprodukten wird dieses Produkt abgeleitet? Beispiele sind:
    - Ein Entwurf wird von einer Spezifikation abgeleitet
    - Ein Produkt wird bei einem Lieferanten gekauft
    - Eine Definition des erwarteten Nutzen wird vom Benutzer beschafft
    - Ein Produkt wird von einer anderen Abteilung bzw. einem anderen Team beschafft
- **Darstellung und Form**: Die Eigenschaften des Produkts. Bei einem Bericht würde beispielsweise angegeben, ob es sich um ein Dokument, um Präsentationsfolien oder um eine E-Mail handelt
- **Notwendige Kenntnisse der Entwickler**: Definition der für die Entwicklung des Produkts benötigten Kenntnisse oder Verweis auf die Bereiche, die diese Ressourcen bereitstellen sollten

- **Qualitätskriterien**: Welche Qualitätsanforderungen muss das zu erstellende Produkt erfüllen und welche Qualitätsmessungen werden bei der Überprüfung des Endprodukts angewendet?
- **Qualitätstoleranz**: In den Qualitätskriterien definierter Bereich, in dem sich ein Produkt bewegen muss, um abgenommen zu werden
- **Qualitätsprüfmethode**: Wie werden Qualität oder Funktionalität des Produkts geprüft? Durch Verifizieren des Entwurfs, Pilotversuch, Test, Kontrolle oder Prüfung?
- **Notwendige Kenntnisse der Prüfer**: Definition der für die Anwendung der Qualitätsprüfmethode benötigten Kenntnisse oder Verweis auf den (die) Bereich(e), der (die) die Ressourcen für die Prüfung bereitstellen sollte(n)
- **Qualitätsverantwortlichkeiten**: Definition des Erstellers, des (der) Prüfer(s) und des (der) Abnahmeberechtigten für das Produkt

A.14 Produktbeschreibung des Projektendprodukts

A.14.1 Zweck

Die Produktbeschreibung des Projektendprodukts ist eine Sonderform der Produktbeschreibung, in der definiert ist, was das Projekt letztendlich liefern muss, um abgenommen zu werden. Sie dient folgendem Zweck:

- Einholung der Zustimmung des Benutzers zum Umfang des Projekts und den Anforderungen
- Definition der Qualitätserwartungen des Kunden
- Definition der Projektabnahmekriterien, Methoden und Verantwortlichkeiten für das Projekt

A.14.2 Zusammensetzung

- **Titel**: Name, unter dem das Projekt bekannt ist
- **Zweck**: Beschreibung der mit dem Projektendprodukt verfolgten Absicht und wer damit arbeiten wird
- **Zusammensetzung**: Auflistung der wichtigsten vom Projekt zu liefernden Produkte
- **Herkunft/Ableitung**: Von welchen Ausgangsprodukten wird dieses Produkt abgeleitet? Beispiele sind:
  - o Bestehende Produkte, die modifiziert werden
  - o Entwurfsspezifikationen
  - o Machbarkeitsstudie
  - o Projektmandat
- **Notwendige Kenntnisse der Entwickler**: Definition der für die Entwicklung des Produkts benötigten Kenntnisse oder Verweis auf die Bereiche, die diese Ressourcen bereitstellen sollten

- **Kundenqualitätserwartungen:** Beschreibung der Qualitätserwartungen, die das Projektendprodukt erfüllen muss, sowie der Standards und Prozesse, die benötigt werden, um die Qualität zu erzielen. Soweit möglich sollten Erwartungen nach Prioritäten geordnet werden

- **Projektabnahmekriterien:** Eine priorisierte Liste bestimmter Kriterien, die das Projektendprodukt erfüllen muss, damit es vom Kunden abgenommen wird – d. h. messbare Definitionen der Attribute, die die Produktgruppe aufweisen muss, um von den wichtigsten Stakeholdern (und insbesondere den Benutzern sowie der Betriebs- und Wartungsorganisation) akzeptiert zu werden

- **Qualitätstoleranzen auf Projektebene:** Toleranzen, die bei den Projektabnahmekriterien zu beachten sind

- **Projektabnahmemethode:** Die Art und Weise, wie die Projektabnahme bestätigt wird. Dies kann einfach eine Bestätigung sein, dass alle Produkte des Projekts abgenommen wurden, oder auch Details einer komplexen Übergabe des Projektendprodukts einschließlich etwaiger schrittweiser Übergaben von Projektprodukten enthalten

- **Projektabnahmeverantwortlichkeiten:** Definition der Personen oder Rollen, die für die Bestätigung der Projektabnahme zuständig sind

A.15 Produktstatusauskunft

A.15.1 Zweck

Die Produktstatusauskunft informiert innerhalb bestimmter Parameter über den Status von Produkten.

A.15.2 Zusammensetzung

- **Umfang der Auskunft**: Was der Bericht abdeckt
- **Erstellungsdatum**: Datum, wann die Auskunft erstellt wurde
- **Produktstatus**: Für jedes Produkt, für das eine Auskunft angefordert wurde, können folgende Informationen geliefert werden:
  - Produktkennzeichnung und Produktname
  - Version
  - Status und Datum der Statusänderung
  - Eigentümer
  - Empfänger / Benutzer von Kopien
  - Ablage/ Lagerort
  - Benutzer
  - Ersteller und Datum der Zuteilung an den Ersteller
  - Geplantes und tatsächliches „Baseline"Datum der Produktbeschreibung
  - Geplantes und tatsächliches „Baseline"Datum des Produkts
  - Geplanter Termin für die nächste „Baseline" Version
  - Liste zugehöriger Elemente
  - Liste zugehöriger offener Punkte (einschließlich anstehender und genehmigter Änderungen) und Risiken

A.16 Projektabschlussbericht

A.16.1 Zweck

Im Projektabschlussbericht werden die effektiv erzielten Ergebnisse mit den Vorgaben in der zu Anfang des Projekts freigegebenen Version der Projektleitdokumentation verglichen und dokumentiert.

A.16.2 Zusammensetzung

- **Bericht des Projektmanagers**: Zusammenfassende Darstellung, wie erfolgreich das Projekt war
- **Bewertung des Business Case**: Zusammenfassende Bewertung der Gültigkeit des Business Case des Projekts
- **Bisher erzielter Nutzen**
- **Noch erwarteter Nutzen** (nach dem Projekt)
- **Erwarteter Nettonutzen**
- **Abweichungen vom genehmigten Business Case**
- **Bewertung der Projektziele**: Vergleich der effektiven Projektleistung mit den Planzielen und Toleranzen für Zeit, Kosten, Qualität, Umfang, Nutzen und Risiko
- **Bewertung der Leistung des Teams**: Insbesondere Anerkennung guter Leistung
- **Bewertung der Produkte**
- **Qualitätsdokumentation**: Auflistung der geplanten und tatsächlich abgeschlossenen Qualitätsaktivitäten
- **Produktabnahmedokumentation**: Auflistung aller Produkte und deren entsprechenden Abnahmen
- **Spezifikationsabweichungen**: Auflistung fehlender Produkte oder Produkte, die die ursprünglichen Anforderungen nicht erfüllen, und Bestätigung aller gewährten Konzessionen

- **Übergabe des Projektendprodukts:** Bestätigung des Kunden, dass die Betriebs- und Wartungsfunktionen das Projektendprodukt übernehmen können (Projektabnahmedokumentation)
- **Zusammenstellung aller Empfehlungen für Folgeaktionen:** Weisungsanfrage an den Lenkungsausschuss, welche Empfehlung an wen weitergeleitet werden soll. Die empfohlenen Maßnahmen betreffen unerledigte Arbeiten, weiterhin ausstehende offene Punkte und Risiken sowie sonstige Aktivitäten, die notwendig sind, damit das Produkt die nächste Phase seines Lebenszyklus erreicht
- **Erfahrungsbericht**

A.17 Projektbeschreibung

A.17.1 Zweck

Eine Projektbeschreibung stellt eine gute und solide Ausgangsbasis für die Initiierung des Projekts bereit und wird in Vorbereiten eines Projekts erstellt.

A.17.2 Zusammensetzung

- **Projektdefinition**: Erläuterung, was das Projekt erreichen soll, unter anderem:
  - o Hintergrund
  - o Zielsetzungen des Projekts (bezogen auf Zeit und Kostenaufwand, Qualität, Umfang, Risiko, Nutzen)
  - o Angestrebte Ergebnisse
  - o Projektumfang und Ausschlüsse
  - o Einschränkungen und Annahmen
  - o Projekttoleranzen
  - o Benutzer und sonstige bekannte Interessengruppen
  - o Schnittstellen
- (A.3) **Business Case-Entwurf**: Gründe, warum das Projekt benötigt wird, und die Entscheidung für die ausgewählte Option gefallen ist. Wird später über Initiieren eines Projekts zu einem detaillierten Business Case weiter ausgebaut
- (A.14) **Produktbeschreibung des Projektendprodukts**: Einschließlich der Qualitätserwartungen des Kunden, Projektabnahmekriterien der Benutzer sowie Projektabnahmekriterien des Betriebs- und Wartungsumfelds
- **Projektlösungsansatz**: Definition der Art und Weise, wie das Projekt die im Business Case ausgewählte Option liefern wird;

unter Berücksichtigung der Betriebsumgebung, in die die Lösung integriert werden muss

- **Struktur des Projektmanagementteams**: Ein Diagramm, das erkennen lässt, wer am Projekt beteiligt ist
- **Rollenbeschreibungen**: Für das Projektmanagementteam und andere wichtige Ressourcen, die zu diesem Zeitpunkt identifiziert werden
- **Verweise**:
  - o Auf mitgeltende Dokumente oder Produkte
  - o Das zu Beginn des Projekts bereitgestellte Projektmandat
  - o Programmmanagement. Wenn das Projekt Teil eines Programms ist, wird die Projektbeschreibung wahrscheinlich vom Programm bereitgestellt, braucht also nicht von einem Projektmandat abgeleitet zu werden
  - o Gespräche mit dem Unternehmen über Strategien und anzuwendende Richtlinien und Standards
  - o Gespräche mit dem Lenkungsausschuss und den Benutzern, wenn das Projektmandat unvollständig oder nicht vorhanden ist
  - o Gespräche mit der Betriebs- und Wartungsorganisation (gegebenenfalls)
  - o Gespräche mit den (potenziellen) Lieferanten über anwendbare Entwicklungsverfahren von Spezialistenprodukten
  - o Erfahrungsprotokoll

A.18 Projektleitdokumentation

A.18.1 Zweck

Definition des Projekts, d. h. Lieferung der Grundlagen für die Steuerung des Projekts und die Beurteilung der insgesamt erzielten Erfolge. Die Projektleitdokumentation gibt die Richtung und den Umfang des Projekts vor und bildet (zusammen mit dem Phasenplan) den „Vertrag", der zwischen dem Projektmanager und dem Lenkungsausschuss geschlossen wird.

Die Version der Projektleitdokumentation, mit der die Projektfreigabe eingeholt wurde, wird aufbewahrt, um später bei Abschluss des Projekts eine Vergleichsbasis zur Beurteilung der erzielten Erfolge zu haben.

A.18.2 Zusammensetzung

Die ersten beiden Positionen (Projektdefinition und Projektlösungsansatz) werden aus der Projektbeschreibung übernommen.

- **Projektdefinition**: Erläuterung, was das Projekt erreichen muss. Dazu gehören:
    - Hintergrund
    - Projektziele und gewünschte Ergebnisse
    - Projektumfang und Ausschlüsse
    - Einschränkungen und Annahmen
    - Benutzer und sonstige bekannte Interessengruppen
    - Schnittstellen
- **Projektlösungsansatz**: Definition der Vorgehensweise, wie das Projekt die aus dem Business Case ausgewählte Option liefern will, und Berücksichtigung des Betriebsumfelds, in das die Lösung eingepasst werden muss

- **(A.3) Business Case:** Rechtfertigung des Projekts auf Basis der geschätzten Kosten, der Risiken und dem erwarteten geschäftlichen Nutzen
- **Struktur des Projektmanagementteams:** Organigramm mit den am Projekt beteiligten Personen
- **Rollenbeschreibungen:** Für das Projektmanagementteam und andere, wichtige Ressourcen
- **(A.21) Qualitätsmanagementstrategie:** Definition der zu verwendenden Qualitätstechniken und -standards sowie Festlegung der Zuständigkeiten für das Erreichen des geforderten Qualitätsniveaus
- **(A.8) Konfigurationsmanagementstrategie:** Festlegung, wie und von wem die Produkte eines Projekts gesteuert und geschützt werden
- **(A.24) Risikomanagementstrategie:** Beschreibung der zu verwendenden Qualitätstechniken und -standards und Festlegung der Zuständigkeiten für ein effektives Risikomanagement
- **(A.6) Kommunikationsmanagementstrategie:** Definition der am Projekt interessierten Parteien, der Kommunikationsmittel und -wege sowie der Intervalle, in denen diese Parteien und das Projekt miteinander kommunizieren
- **(A.12) Projektplan:** Plan, der die wichtigsten Produkte, Aktivitäten und Ressourcen des Projekts aufzeigt und beschreibt, wie und wann die Ziele eines Projekts realisiert werden sollen
- **Projektsteuerungsmittel:** Zusammenfassung der Steuerungsmittel auf Projektebene, beispielsweise Phasenübergänge, vereinbarte Toleranzen, Überwachung und Berichterstattung

- **PRINCE2-Anpassung**: Zusammenfassung, wie PRINCE2 für das Projekt angepasst wurde

A.19 Projektstatusbericht

A.19.1 Zweck

Ein Projektstatusbericht informiert den Lenkungsausschuss (und möglicherweise sonstige Stakeholder) in den vom Lenkungsausschuss gewünschten Intervallen über den Stand des Projekts und die erzielten Fortschritte.

A.19.2 Zusammensetzung

- **Datum**: Datum des Berichts
- **Berichtszeitraum**: Der Zeitraum, über den berichtet wird
- **Statusübersicht**: Zusammenfassung des aktuellen Status der Phase
- **Aktueller Berichtszeitraum:**
  - o Arbeitspakete – im Berichtszeitraum zur Freigabe anstehend, ausgeführt, abgeschlossen
  - o Im Berichtszeitraum fertig gestellte Produkte
  - o Im Berichtszeitraum geplante, allerdings noch nicht in Angriff genommene oder fertig gestellte Produkte
  - o Während des Berichtszeitraums ergriffene Korrekturmaßnahmen
- **Nächster Berichtszeitraum:**
  - o Arbeitspakete – im nächsten Berichtszeitraum zu genehmigen, auszuführen oder abzuschließen
  - o Im nächsten Berichtszeitraum fertig zu stellende Produkte
  - o Korrekturmaßnahmen, die im nächsten Berichtszeitraum zu Ende geführt werden

- **Status der Projekt- und Phasentoleranzen:**
  - o Bisheriger Verlauf des Projekts und der Phase bezogen auf die Toleranzen (z. B. effektiver und prognostizierter Kosten-/Zeitaufwand)
  - o Änderungsanträge – vorgelegt, genehmigt/ abgelehnt, ausstehend
- **Wichtigste offene Punkte und Risiken:** Zusammenfassung aktueller oder potenzieller Probleme und Risiken
- (A.4) **Erfahrungsbericht**

A.20 Projekttagebuch

A.20.1 Zweck

Ein Projekttagebuch dient der Aufzeichnung von formlos gehandhabten offenen Punkten, erforderlichen Maßnahmen oder wichtigen Ereignissen, die in keinem anderen PRINCE2-Register oder -Protokoll erfasst werden. Es wird vom Projektmanager geführt.

A.20.2 Zusammensetzung

- Datum des Eintrags
- Problem/Anliegen, Maßnahme, Ereignis oder Kommentar
- Zuständige Person
- Zieltermin
- Ergebnisse

A.21 Qualitätsmanagementstrategie

A.21.1 Zweck

Eine Qualitätsmanagementstrategie definiert die zu verwendenden Qualitätstechniken und -standards und legt die Zuständigkeiten bei der Durchführung des Projekts für das Erreichen des geforderten Qualitätsniveaus fest.

A.21.2 Zusammensetzung

- **Einführung**: Nennt den Zweck, die Ziele, den Umfang und die Verantwortung für die Strategie
- **Qualitätsmanagementverfahren**: Beschreibung des (bzw. Verweis auf das) zu verwendende(n) Qualitätsmanagementverfahren(s). Abweichungen von den Qualitätsstandards des Unternehmens- oder Programmmanagements sollten angemerkt und begründet werden. Das Verfahren sollte Folgendes abdecken:
- **Qualitätsplanung**
- **Qualitätssteuerung**: Der vom Projekt verfolgte Ansatz zur Kontrolle der Qualität, unter anderem:
  - o Qualitätsstandards
  - o Zu verwendende Vorlagen und Formulare (z. B. Produktbeschreibungen, Qualitätsregister)
  - o Definition der Art der Qualitätsmethoden (z. B. Qualitätsinspektion, Pilotversuch)
  - o Messsystem, das bei der Qualitätssteuerung eingesetzt wird
- **Qualitätssicherung**: Der vom Projekt verfolgte Ansatz zur Sicherung der Qualität, unter anderem:
  - o Verantwortlichkeiten des Lenkungsausschusses

o   Audits zur Überprüfung der Konformität

o   Überprüfung durch das Unternehmens- oder Programmmanagement

- **Tools und Techniken:** Zu verwendende Qualitätsmanagementsysteme oder Werkzeuge und bestimmte Techniken, die in den einzelnen Schritten des Qualitätsmanagementverfahrens zum Einsatz kommen

- **Dokumentation:** Definition der benötigten Qualitätsaufzeichnungen und wo diese abgelegt werden, einschließlich Zusammensetzung und Format des Qualitätsregisters

- **Berichterstattung:** Beschreibung der zu erstellenden Qualitätsmanagementberichte, deren Zweck, Turnus und Empfänger

- **Zeitplanung der Qualitätsmanagementaktivitäten:** Termine für die Durchführung formeller Qualitätsmanagementaktivitäten, beispielsweise Audits (kann auch ein Verweis auf das Qualitätsregister sein)

- **Rollen und Verantwortlichkeiten:** Rollen und Verantwortlichkeiten für die Qualitätsmanagementaktivitäten, unter anderem auch die Qualitätsverantwortung des Unternehmens- oder Programmmanagements

A.22 Qualitätsregister

A.22.1 Zweck

In einem Qualitätsregister werden alle geplanten/ durchgeführten Qualitätsmanagementaktivitäten zusammengefasst und Informationen für die Phasenabschlussberichte und den Projektabschlussbericht bereitgestellt. Es dient der Übersicht über Anzahl und Art der durchgeführten Qualitätsaktivitäten

A.22.2 Zusammensetzung

Jeder Eintrag im Qualitätsregister sollte folgende Informationen enthalten:

- **Qualitätskontrollnummer**: Eindeutige Kennzeichnung der in das Qualitätsregister eingetragenen Qualitätsaktivitäten
- **Produktkennnummer(n)**: Eindeutige Kennzeichnung(en) des/der Produkts/Produkte, auf das/die sich die Qualitätsaktivität bezieht
- **Produkttitel**: Name des/der Produkts/Produkte
- **Qualitätsprüfmethode**: Methode für die Durchführung der Qualitätsaktivität (z. B. Pilotversuch, Qualitätsprüfung, Audit etc.)
- **Rollen und Verantwortlichkeiten**: Die/das für die Qualitätsmanagementaktivitäten zuständige Person bzw. Team
- **Datum**: Geplante, voraussichtliche und Ist-Termine für Qualitätsaktivität und Abnahme, d. h. Abschluss der Qualitätsaktivität
- **Ergebnis**: Resultat der Qualitätsaktivität
- **Qualitätsdokumentation**: Verweise auf Unterlagen der Qualitätsinspektion

A.23 Register offener Punkte

A.23.1 Zweck

Im Register offener Punkte werden alle formell zu bearbeitenden offenen Punkte erfasst und gepflegt.

A.23.2 Zusammensetzung

- **Kennziffer**: Eindeutige Kennzeichnung jedes offenen Punkts im Register. In der Regel numerisch oder alphanumerisch
- **Typ des offenen Punkts**: Definiert den Typ des erfassten offenen Punkts (Änderungsantrag , Spezifikationsabweichung , Problem/Anliegen)
- **Datum des Eintrags**: Datum, an dem der offene Punkt ursprünglich gemeldet worden ist
- **Gemeldet von**: Name der Person bzw. des Teams, die/das den offenen Punkt gemeldet hat
- **Autor des Berichts**: Name der Person bzw. des Teams, die/das den Offener-Punkt-Bericht erstellt hat
- **Beschreibung**: Darstellung des offenen Punkts mit Erläuterung der Ursache und der Auswirkungen
- **Priorität**: Entsprechend den Bewertungsskalen des Projekts
- **Dringlichkeit**: Entsprechend den Bewertungsskalen des Projekts. Daraus lässt sich ableiten, welche Managementebene über den offenen Punkt entscheiden muss
- **Status**: Aktueller Status des offenen Punkts und Datum der letzten Aktualisierung
- **Abschluss der Bearbeitung**: Datum, an dem der offene Punkt geschlossen wurde

A.24 Risikomanagementstrategie

A.24.1 Zweck

Eine Risikomanagementstrategie beschreibt die zu verwendenden Risikomanagementtechniken und -standards und legt die Zuständigkeiten für das Erreichen eines effektiven Risikomanagements fest.

A.24.2 Zusammensetzung

- **Einführung**: Nennt den Zweck, die Ziele, den Umfang und die Verantwortung für die Strategie
- **Risikomanagementverfahren**: Beschreibung des (bzw. Verweis auf das) zu verwendende Risikomanagementverfahren. Abweichungen von den Qualitätsstandards des Unternehmens- oder Programmmanagements sollten angemerkt und begründet werden. Das Verfahren sollte folgende Aktivitäten abdecken:
  - o Identifizieren
  - o Bewerten
  - o Planen
  - o Implementieren
  - o Kommunizieren
- **Tools und Techniken**: Zu verwendende Risikomanagementsysteme oder Werkzeuge und bestimmte Techniken, die in den einzelnen Schritten des Risikomanagementverfahrens zum Einsatz kommen
- **Dokumentation**: Definition der Zusammensetzung und des Formats des Risikoregisters sowie sonstiger vom Projekt zu verwendender Risikoaufzeichnungen

- **Berichterstattung**: Beschreibung der zu erstellenden Risikomanagementberichte, deren Zweck, Turnus und Empfänger

- **Zeitplanung der Risikomanagementaktivitäten**: Termine für die Durchführung formeller Risikomanagementaktivitäten, beispielsweise Phasenabschlussbewertungen

- **Rollen und Verantwortlichkeiten**: Definition der Rollen und Verantwortlichkeiten für das Risikomanagement

- **Bewertungsskalen**: Definition der Skalen für die Einschätzung der Wahrscheinlichkeit eines Risikos und seiner Auswirkungen auf das Projekt

- **Eintrittsnähe**: Anweisung, wie die Eintrittsnähe von Risiken zu bewerten ist

- **Risikokategorien**: Definition der (wenn überhaupt) zu verwendenden Risikokategorien. Können aus der Risikostrukturplanung oder einer Risikoliste abgeleitet werden

- **Kategorien der Risikobehandlung**

- **Frühwarnzeichen**: Definition der Indikatoren, anhand derer kritische Aspekte des Projekts verfolgt werden

- **Risikotoleranzen**: Definition der Grenzwerte für die Risikobelastung, die, wenn sie überschritten werden, eine Eskalation des Risikos an die nächsthöhere Managementebene erfordern

- **Risikobudget**: Dokumentation, ob ein Risikobudget eingerichtet werden soll und, wenn ja, wofür es verwendet werden soll

A.25 Risikoregister

A.25.1 Zweck

Ein Risikoregister ist ein Dokument, in dem alle Risiken eines Projekts mit Angabe des Status und der bisherigen Entwicklung erfasst sind

A.25.2 Zusammensetzung

- **Risikokennnummer**: Eindeutige Kennzeichnung der in das Register eingetragenen Risiken. In der Regel numerisch oder alphanumerisch
- **Autor**: Die Person, die das Risiko gemeldet hat
- **Datum**: Das Datum, an dem das Risiko identifiziert wurde
- **Risikokategorie**: Art des Risikos entsprechend den für das Projekt festgelegten Kategorien (z. B. Termin, Qualität, Rechtliches etc.)
- **Risikobeschreibung**: Angabe der Ursache des Ereignisses (Bedrohung oder Chance) und der Auswirkungen
- **Eintrittswahrscheinlichkeit und Auswirkung (erwartete Werte)**: Wichtig ist die Einschätzung der Werte vor und nach möglichen Gegenmaßnahmen („residual" und „inherent values")
- **Eintrittsnähe**: Üblicherweise die Angabe, wie bald das erwartete Risiko eintreten wird (z. B. bevorstehend, innerhalb der Phase, innerhalb des Projekts, nach dem Projekt). Diese Werte sind entsprechend den Bewertungsskalen des Projekts aufzuzeichnen
- **Kategorie der Risikobehandlung**: Wie das Projekt mit dem Risiko umgehen wird – entsprechend den für das jeweilige Projekt festgelegten Kategorien, z. B.:

o   Für Bedrohungen: Vermeiden, Reduzieren, Eventualfall, Übertragen, Akzeptieren, Teilen

o   Für Chancen: Steigern, Ergreifen, Ablehnen, Teilen

- **Risikobehandlung**: Maßnahmen zur Behandlung von Risiken (sollten auf die gewählte Gegenmaßnahmenkategorie abgestimmt werden). Hinweis: Ein Risiko kann mehr als eine Gegenmaßnahme erfordern

- **Risikostatus**: Üblicherweise die Angabe, ob das Risiko noch akut oder bereits geschlossen ist

- **Risikoeigentümer**: Die für das Management des Risikos zuständige Person (pro Risiko ist nur ein Risikoeigentümer möglich)

- **Risikobearbeiter**: Der (die) Person(en), die die zur Risikobehandlung vorgesehenen Maßnahmen durchführen wird (werden). Kann, aber muss nicht identisch sein mit dem Risikoeigentümer

A.26 Teamstatusbericht

A.26.1 Zweck

Ein Teamstatusbericht wird in bestimmten, im Arbeitspaket festgelegten Abständen erstellt, um über den Status des Arbeitspakets zu berichten.

A.26.2 Zusammensetzung

- **Datum**: Datum der Teamstatuskontrolle
- **Berichtszeitraum**: Der Zeitraum, über den sich der Teamstatusbericht erstreckt
- **Nachträge**: Aus früheren Berichten
- **Aktueller Berichtszeitraum**:
  - o vom Team entwickelte Produkte
  - o vom Team fertig gestellte Produkte
  - o durchgeführte Qualitätsmanagementaktivitäten
  - o Gesammelte Erfahrungen
- **Nächster Berichtszeitraum**:
  - o vom Team zu entwickelnde Produkte
  - o vom Team fertig zu stellende Produkte
  - o geplante Qualitätsmanagementaktivitäten
- **Toleranzstatus der Arbeitspakete**: Status der Einhaltung der Toleranzen des Arbeitspakets (z. B. Ist-Situation und Prognosen für Kosten/ Zeitaufwand/ Umfang)
- **Offene Punkte und Risiken**: Aktueller Status der mit dem Arbeitspaket verbundenen offenen Punkte und Risiken

So gelingt die Anwendung von PRINCE2

von Oliver Buhr

Gehen wir mal davon aus, Sie haben ganz frisch ein PRINCE2-Foundationtraining besucht und nun halten Sie es in der Hand: das Zertifikat zum bestandenen Examen. Sie haben Ihren Marktwert als Projektmanager gesteigert, Ihre Chancen auf eine gut bezahlte Position sind gestiegen. Sie haben gelernt, wie Projekte strukturiert gemanagt werden können. Da kann jetzt ja nichts mehr schiefgehen.

Die Vergangenheit: Unklare Projektziele, Ressourcenmangel, hinausgezögerte Entscheidungen, unzählige Änderungen, ausufernde Kosten. Alles Schnee von gestern! Die Best Management Practice Methode hat es ja beschrieben, wie schön alles sein kann. Also Ärmel hochgekrempelt und angepackt!

Ihr erster Tag wieder im Büro. Die Kollegen kommen mit der (schon erwarteten) Bemerkung „da sind wir ja mal gespannt, wie du jetzt deine Projekte in den Griff kriegst". Es vergeht keine Stunde, da geht die Tür auf, und der Chef fragt, ob Sie „mal eben" ein zusätzliches Feature in die Softwarelösung Ihres Projekts aufnehmen können, er habe das mit dem Kunden so besprochen. Am Nachmittag klingelt das Telefon und der Teammanager erklärt, dass ein Serverabsturz in der Pilotumgebung dazu geführt hat, dass eine ganze Abteilung nicht arbeiten kann...
Willkommen zurück im Alltag!

Erkennen Sie sich wieder? Wie oft hören wir von unseren Schulungsteilnehmern im Practitionertraining ähnliche Erfahrungsberichte.

Sie sind aber standfest, das PRINCE2-Training hat eine nachhaltige Wirkung bei Ihnen hinterlassen. Sie sind nach wie vor von der Methode überzeugt. Genau das ist der Grund, warum ich dieses Kapitel in unser Buch aufgenommen habe. Am eigenen Leib habe auch ich erfahren, dass viele Stolpersteine auf dem Weg liegen können. Und ich habe ein paar Tipps, wie Sie sie umgehen und schneller zu einer positiven Wirkung kommen können. Ich möchte, dass PRINCE2 auch bei Ihnen zum Fliegen kommt!

Und das sind die drei Schritte für Ihren Abflug:

1. Erfolgsfaktoren

Zunächst einmal schlage ich Ihnen acht einfache Regeln vor, die nach meiner Erfahrung die Erfolgschance für eine wirksame Anwendung von PRINCE2 enorm erhöhen.

2. Quick Wins

Für eine nachhaltige Verbesserung in der Projektarbeit braucht es eine gewisse Zeit. Lange Konzeptphasen und epische Ausarbeitungen von Projekthandbüchern sind aber Gift für die Akzeptanz bei Ihren Projektmitarbeitern. Es gilt, schnell „aus dem Quark" zu kommen, positive Erfahrungen bei den Beteiligten zu ermöglichen. In diesem Abschnitt gebe ich Ihnen Impulse, wie Sie das erreichen können.

3. Stolperfallen

Eine Betrachtung genau der Gegenseite schafft zusätzliche Klarheit. Aus diesem Grund ergänze ich im letzten Teil fünf Dinge, die Sie auf keinen Fall tun sollten.

Erfolgsfaktoren

Die nun kommenden Vorschläge basieren auf meiner Erfahrung in vielen Projekten, die ich gemeinsam mit Kunden durchgeführt habe, um mit PRINCE2 die Projektarbeit zu optimieren. Eine Vorbemerkung an dieser Stelle ist als Hintergrund enorm wichtig. Nicht so wie das Kompetenzmodell der IPMA (deutscher Vertreter ist die GPM), oder auch in großen Teilen die Wissenssammlung von PMI ist PRINCE2 als eine Best Practice für Organisationen gedacht. Natürlich profitiert jeder einzelne Projektmanager von der Anwendung von PRINCE2, doch der große Nutzen entsteht, wenn eine Organisation diese Methodik anwendet. Im Folgenden gehe ich also davon aus, dass Sie PRINCE2 nicht nur persönlich anwenden wollen, sondern die Organisation, in der Sie arbeiten davon profitieren lassen wollen.

Dringlichkeit

Es muss gute Gründe geben, Dinge zu ändern

Mit dem Vorhaben, in Ihren Projekten zukünftig PRINCE2 anzuwenden, werden im Projektumfeld einige zum Teil gravierende Veränderungen stattfinden. Wenn Sie es Ernst meinen, dann sollten Sie diesen „Change" aktiv gestalten. Demnach sind einige der Empfehlungen auch in Literatur zum Change Management zu finden. [Eine Buchempfehlung an dieser Stelle ist „Leading Change" von John Kotter]

Ihre Initiative braucht eine Veranlassung. Es braucht eine Notwendigkeit, etwas zu tun. Je höher die Dringlichkeit Ihnen, den anderen Entscheidern und Ihren Kollegen klar vor Augen ist, um so größer ist auch die Bereitschaft, etwas zu tun und Energie in eine neue Sache zu stecken. Diese Dringlichkeit können Sie auf unterschiedlichen Wegen erzeugen. Gibt es aktuell Projekte, die in der Krise sind? Dann zeigen Sie mit dem Finger da drauf. Gibt es Wettbewerber, die in Ihren Projekten klar besser sind? Packen Sie Ihre Kollegen bei der Ehre und erklären deren Qualitätsstand zum neuen Mindeststandard. Wenn sich in den Projekten nichts verändert, wie steht Ihr Unternehmens in einem, in drei oder in fünf Jahren da? Zeichnen Sie ein düsteres Bild der Zukunft. Verstehen Sie mich richtig: Es geht nicht darum, Ihren Kollegen etwas vorzumachen, sondern den Handlungsbedarf, der nach Ihrer Meinung notwendig ist, auch den anderen klar zu machen.

Bestandsaufnahme

> *Wo stehen wir heute überhaupt?*

Beginnen Sie mit einer Bestandsaufnahme Ihrer aktuellen Situation. Am besten eignet sich dafür ein Workshop. Setzen Sie sich mit Ihren Kollegen zusammen und stellen sich gemeinsam die folgenden Fragen: Welche Projekte sind nicht gut gelaufen?" Was sind die Ursachen dafür? Wo sind unsere Engpässe bei der Durchführung von Projekten? Welche Chancen werden nicht genutzt?" Wählen Sie für den Workshop bewusst Personen aus verschiedenen Projektbereichen und –rollen aus: Jeder sieht „seine" aus seiner persönlichen Perspektive. Die Gesamtheit macht's!

Sie werden schnell erkennen, in welchen Bereichen Prozesse bereits strukturiert ablaufen, und wo es auf Grund fehlender Methodik dem Zufall überlassen ist, ob Ihre Projekte erfolgreich sein werden oder nicht. Auch das, was gut läuft sollte auf jeden Fall festgehalten werden. Dies sind die Aspekte der Projektarbeit, an der wir nichts zu ändern brauchen. Wenn wir später mit den Änderungen durch PRINCE2 in die Organisation gehen, sollten diese Dinge besonders geschützt sein.

Halten Sie den Ist-Stand Ihrer Projektarbeit in Zahlen fest. Beispiele:

- nicht beendete Projekte in %
- durchschnittliche Budgetüberschreitung in €
- Zeitverzug gegenüber erstem Fertigstellungsdatum
- Nacharbeitsaufwand nach Ende des Projekts
- Erfüllungsgrad der ursprünglichen Anforderungen

Diese Kennzahlen (KPIs) können Sie im weiteren Verlauf sehr gut verwenden um den Erfolg Ihrer Arbeit unter Beweis zu stellen.

SWOT-Analyse

Ein passendes und einfaches Instrument, die aktuelle Situation strukturiert darzustellen ist eine SWOT-Analyse. SWOT steht für:

Strength (existierende Stärken)

Weaknesses (existierende Schwächen)

Opportunities (mögliche Chancen)

Threats (mögliche Gefahren)

Näheres dazu finden Sie unter: www.smart-pm.de/swot/

Klares Zielbild

Die attraktive Zukunft aufzeigen!

Sorgen Sie für eine Beschreibung des Zustandes, den Sie erreichen möchten. Solch eine Darlegung, dessen, was am Ende erreicht sein soll, hat zwei wichtige Vorteile.

Der erste Nutzen ist für Sie als Projektmanager fast eine Selbstverständlichkeit. Mit der Formulierung eines klaren Ziels schaffen Sie einen Konsens. Alle, die an der Formulierung des Ziels mitgewirkt haben, haben ein gleiches Bild über das, was erreicht werden soll. Und aus der eindeutigen Festlegung, was zu einem bestimmten Zeitpunkt erreicht sein soll, leiten Sie die Inhalte und den Scope des Projektes ab.

Zum Zweiten ist solch ein Zielzustand ein unschätzbares Motivationsinstrument für den gesamten Verlauf Ihrer Initiative. Ihre Mitarbeiter identifizieren sich mit dem Ziel. Sie sehen die Zukunft als eine für sie persönlich erstrebenswerte Situation an. Voraussetzung dafür ist jedoch, dass dieser Zielzustand die Mitarbeiter emotional anspricht. Eine rein faktenbasierte Zielbeschreibung hilft da wenig. Viel besser hilft da eine Geschichte! Versetzen Sie sich mit Ihren Kollegen in den Zeitpunkt zum Ende des Projektes und beschreiben Sie ganz plastisch die idealen Situationen, die Sie sich herbeisehnen. Beispielsweise könnten Sie aus der faktischen Zielformulierung „ hohe Kundenzufriedenheit hat oberste Priorität " folgende Geschichte machen: *„das Projektabschlussgespräch mit Herrn Schneider von der Oilex AG verlief höchst erfreulich. So entspannt hatte ich Ihn noch nie erlebt. Zwar gingen wir eifrig unsere neu erarbeitete Feedbackliste durch, doch immer wieder erinnerten wir uns an Erlebnisse aus unserem Projekt und lachten herzlich über kuriose Situationen. Als wir zum Punkt Benutzerfreundlichkeit kamen, gab er dem Projekt die Höchstnote und berichtete mir von „standing ovations" bei der Präsentation vor den Anwendern. Unser Gespräch dauerte über eine Stunde. Herr Schneider verabschiedete sich mit einem anerkennenden Schulterklopfen und den Worten „ich freue mich auf das nächste Projekt mit Ihrem Unternehmen und hoffe, dass es bald sein wird".*

Die wünschenswerten Situationsbeschreibungen Ihrer Kollegen ergeben aneinander gereiht und in einen sinnvollen Kontext gepackt einen wirkungsvollen und motivierenden Erfolgsfall. Dieser wird dann zu einer passenden Gelegenheit stimmungsvoll verlesen, natürlich am Besten durch den Auftraggeber Ihrer Initiative. Anschließend publizieren Sie den vorweggenommenen Erfolgsfall an prominenter Stelle.

Storytelling

Mein Vorschlag zur Beschreibung eines Erfolgsfalles basiert auf einem Ansatz, der als Storytelling bezeichnet wird. Die Prinzipien von Storytelling können überall dort angewendet werden, wo eine positive Wirkung und Motivation beim Publikum erzielt werden soll. Also bei Präsentationen, bei Vorträgen, aber auch in Fachartikeln, und natürlich in Projekten.

Mit Instrumenten wie sympathischen Charakteren, anregenden Handlungen und aufschlussreichen Konsequenzen schafft man so über Geschichten einen attraktiven Rahmen zur Vermittlung wichtiger Botschaften.

Näheres dazu an dieser Stelle: www.smart-pm.de/story/

Fokus auf die echten Projekte

Aufräumen heißt die Devise!

Ist wirklich alles, was Sie unter dem Begriff „Projekt" führen, ein Projekt? Sind nicht vielleicht kleinere Vorhaben darunter, für die es sich gar nicht lohnt, eine Projektorganisation auf die Beine zu stellen?

Sind alle Projekte wirklich strategiekonform? Können Sie all das wirklich in diesem Jahr durchführen? Fokus ist angesagt!

Sie werden erstaunt sein, wie wenige Projekte tatsächlich wünschenswert, lohnend und realisierbar sind, wenn Sie mal für alle einen Business Case erstellt haben.

Ihre Kollegen erwarten vielleicht, dass Ihr Vorstoß zu noch mehr Arbeit führen wird. Überraschen Sie sie mit dem Gegenteil und präsentieren eine Streichliste!

Praxisbericht

Einer unserer Kunden hat sich daran gemacht, seine Projektwelt zu durchforsten: Als Allererstes hat er sich gefragt, welche Projekte tatsächlich die Strategie des Unternehmens unterstützen. Da fiel schon fast die Hälfte der Projekte aus dem Raster. Für die restlichen Projekte wurde ein Business Case erstellt. Wieder fielen etliche Projekte heraus. Für die 30 Projekte, die unterm Strich übrigblieben, schaute er sich die Ressourcen- und Zeitpläne an. Dabei stellte er fest, dass bei einem Drittel der Projekte dieselben Spezialisten mehrfach eingeplant waren. Das Ergebnis dieser Aktion war eine Reduzierung von 75 auf ganze 16 Projekte, weitere 4 wurden um ein bzw. zwei Jahre verschoben.

Leuchtturmprojekte

Orientierung geben und Vorbild sein

Erinnern Sie sich an Ihre ersten Fahrstunden? In der Theorie hatten Sie gelernt wie das geht mit der Kupplung, dem Schalten, Blick in den Seitenspiegel... Und dann saßen Sie im Auto. Es war gar nicht so einfach, an alles zu denken. Ganz vorsichtig kurvten Sie bei der ersten Fahrt durch ein ruhiges Industriegebiet. Kein Fahrlehrer der Welt würde einen Fahrschüler in seiner ersten Fahrstunde in die Großstadt auf 6-spurige Straßen schicken. Es wäre ganz einfach Glück, wenn beide Insassen (und das Auto) heil von dieser Fahrstunde zurückkehren würden.

Dasselbe gilt natürlich auch für Projektmanagement. Nehmen Sie die (neue) Liste Ihrer Projekte vor und wählen Sie ein Pilotprojekt aus. Es soll in überschaubarer Zeit durchzuführen sein, vom Umfang nicht zu komplex und in der Wahrnehmung der Stakeholder positiv eingeschätzt werden. Dieses Projekt wird Ihr „Leuchtturmprojekt". Mit diesem Vorbild-Projekt werden Sie Best Management Practice zeigen!

Wählen Sie bevorzugt Mitarbeiter aus, die mit Ihnen an einem Strang ziehen, die sich ebenso für dieses Ziel einsetzen. Nutzen Sie die Motivation, die noch aus den Trainings zurückkommt.

Setzen Sie klare Meilensteine in Ihrem Leuchtturmprojekt und kommunizieren Sie diese Zwischenerfolge. Diese Meilensteine haben dieselbe Wirkung wie die Aussichtsplätze bei einem anstrengenden Bergaufstieg: Der Wanderer hält kurz inne und blickt stolz zurück auf das bereits Geleistete. So gestärkt kann es weitergehen.

Damit sind wir wieder bei den Kennzahlen: Einfache, messbare Zwischenbilanzen können einen großartigen Motivationsschub für alle bringen.

Eine Heimat für die Projekte

Einmal angekommen, wollen wir nicht mehr zurück

Jede Veränderung geht von einem stabilen Kern aus. In Ihrem Projekt sollte es ein Kernteam geben. Dieses Kernteam spielt eine Vorreiterrolle, es besteht aus Multiplikatoren, die ihre Erfahrungen und ihre Motivation weitergeben. Es stellt sicher, dass die neuen Prozesse und Vorgaben gesteuert eingeführt werden. Es ist auch Anlaufstelle für Projektmitarbeiter, die zum Beispiel nach ihrer PRINCE2-Schulung das erste Mal eine produktbasierte Planung aufstellen sollen und ratlos vor dieser Aufgabe stehen. Das Kernteam kann Tipps geben oder auch über die Schulter schauen, wenn es mal nicht so klappt.

Gleichzeitig stellt das Kernteam sicher, dass Vorgaben auch eingehalten und gelebt werden, Templates vernünftig ausgefüllt werden. Sie sind auch diejenigen, die erkennen können, wann die vorgesehenen Prozesse doch nicht so funktionieren wie geplant. Gegen Ende Ihrer Initiative ist es wichtig, die Funktion des Kernteams in eine dauerhafte Instanz zu überführen. Damit die bisher wahrgenommenen Aufgaben auch danach noch gelebt werden. Es muss nicht immer eine Stabstelle mit Vollzeitbesetzung sein. Hier ist Flexibilität und Angemessenheit an Ihre Organisationsgröße und –form gefragt. Es ist zum Beispiel vorstellbar, dass die engagierte Assistentin des Abteilungsleiters diese Rolle einnimmt. Oder einer der Projektmanager wird zu dem Prozessexperten für Projektmanagement ernannt. Auch die Einrichtung einer Projektmanager-Community, die ohne jegliche Verankerung in der Organisation gelebt wird, kann die nötige Heimat für Projekt darstellen.

Der Blick aufs Ganze

Wehe, wenn wir jemanden übergehen

In vielen Unternehmen, und so möglicherweise auch bei Ihnen, ist die Arbeit in Projekten von essenzieller Bedeutung. Projekte machen einen bedeutsamen Teil der Unternehmensleistung aus. Weil das so ist, sind Projekte in vielfacher Hinsicht im Unternehmen von Bedeutung. Ihre Initiative hat mehr Schnittstellen und mehr betroffene Parteien als Sie im ersten Moment mutmaßen. Projektarbeit zu optimieren ist nun mal nicht einfach die Wissensvermittlung von einer neuen Methodik und auch nicht die Einführung eines neuen Tools. Es ist eine Veränderung mit Auswirkungen auf viele andere Facetten in Ihrem Unternehmen. Eine kleine Hilfestellung gefällig?

Vertrieb	Welche zusätzlichen Informationen benötigen Sie zukünftig von neu akquirierten Kundenprojekten
Personal	Stellenbeschreibung und Karrierepfade für Projektmanager
Personal	Koordination interner PRINCE2-Weiterbildung
Controlling	Erhebung von Budget- und Verbrauchskennzahlen von Projekten
Controlling	Business Case von Projekten
IT	Tools zur Unterstützung der Projektarbeit
Organisationsentwicklung	Prozessanalyse und –dokumentation. Unterstützung von Changeprojekten
Betriebsrat	Leistungserfassung in Projekten

Nehmen Sie diese Liste als Anregung für Funktionen, bei denen in Ihrem Unternehmen überall betroffene Interessensparteien vorhanden sein könnten.

Sie bekommen erst Klarheit über die spezifische Interessenslage in Ihrem Unternehmen, wenn Sie zu Beginn Ihrer Maßnahme eine Stakeholderanalyse durchführen. Dies ist ein weiterer konkreter Ratschlag zur gelungenen Umsetzung von PRINCE2 in Ihrem Unternehmen.

Stakeholderanalyse

Eine Stakeholderanalyse ist eine strukturierte Erhebung aller von den Veränderungen durch ein Projekt betroffenen Interessensparteien. In einer Stakeholderanalyse werden die jeweiligen Parteien identifiziert und hinsichtlich ihres Einflusses auf das Projekt und ihrer Betroffenheit durch das Projekt bewertet. Die Ergebnisse sind eine wertvolle Grundlage für die Festlegung der Projektorganisation, der Definition von Projektschnittstellen und der Planung einer zielgerichteten Kommunikation.

Weitere Informationen über eine Stakeholderanalyse erhalten Sie hier: www.smart-pm.de/sha/

Schritt für Schritt

Im Seminar haben Sie sehr viele Anregungen und das vollständige Bild einer erfolgreichen Managementumgebung nach PRINCE2 erhalten. In den meisten Projekten ist das, was Sie kennen gelernt haben, jedoch zu viel für Ihre Projekte. Denken Sie an die 26 (!) Managementprodukte. Mein Rat: Fangen Sie mit wenig an, setzen Sie das aber konsequent ein. Schaffen Sie ein Basis-Set mit 5 -8 wesentlichen Dokumenten, die Sie mit Ihren Kollegen in der Projektarbeit ausprobieren. Und dann nehmen Sie sukzessive und bedarfsgerecht neue Instrumente hinzu. Fragen Sie sich bei jedem neuen Instrument, das Sie neu einsetzen wollen: "Welchen Nutzen hat es für mein Projekte, und welche Bestandteile sind wirklich nötig?" Denken Sie LEAN! Schaffen Sie eine Plattform für Feedback durch die anwendenden Kollegen. Beispielsweise jeden Monat eine Lessons learned-Runde mit den Projektmanagern. Auch eine Wiki-Plattform leistet gute Dienste. Dort können für jede Vorlage und jedes Instrument gute Anwendungsbeispiele hinterlegt werden. So wächst sukzessive eine umfangreiche Wissensbasis für Ihre Projekte heran.

Wenn Sie konsequent einen Schritt nach dem anderen gehen, werden Sie sich wundern, wie schnell Ihre Projektarbeit besser wird. Man überschätzt meistens, was man in einer Woche erreichen kann, aber man unterschätzt, was man in einem Jahr schafft.

One Page Project Management

Eine spannende Form der Vereinfachung bietet ein Konzept, die Dokumentation eines Projektes in nur einem Dokument zusammenzufassen. Kunden, bei denen wir es vorgeschlagen haben, waren von dem Konzept sofort überzeugt und haben es für Light-Projekte oder auch als erste Stufe eines Rollout verwendet. Die Idee ist, die sukzessive detaillierter werdende Dokumentation eines Projektes in einem Dokument wachsen zu lassen. Wenn das Projekt dann in das Tagesgeschäft übergeht, beherbergt dieses Dokument auch die Aufzeichnungen und die Berichte des Projektes.

Nähere Erläuterungen und einen konkreten Vorschlag finden Sie hier: www.smart-pm.de/oppm/

Quick Wins

Die wirksame Anwendung von PRINCE2 ist oftmals mit einer gravierenden Veränderung der Arbeit in Projekten verbunden. So eine Veränderung braucht immer mehr Zeit, als man zunächst denkt.

Da brauchen alle die Gewissheit, dass sie auf dem richtigen Weg sind und der Weg der richtige ist. Quick Wins, die schnell eingeführt sind und kurzfristig Ergebnisse bringen, sind da gute und notwendige „Motivationsspritzen".

Was könnten solche „Quick Wins" von PRINCE2 sein, die relativ kurzfristig eingebracht werden können? Und zwar ohne dass die Unternehmensprozesse schon geändert wurden. Welche Maßnahmen könnten Sie als Projektmanager oder Teammanager einführen, die den Projekten einem sofortigen Mehrwert bringen würden?

Meine Vorschläge ganz konkret:

1. Beginnen Sie jedes Projekt mit einem **Startup-Workshop**
2. Führen Sie ein **Register der offenen Punkte** ein
3. Regelmäßige, knackige **Jour Fixes** mit einer festen Agenda

Startup-Workshop

Anfang gut, alles gut

Der Prozess „Vorbereiten eines Projekts" ist sehr PRINCE2-spezifisch und in der Praxis kaum üblich. Er ist jedoch enorm hilfreich bei der Beurteilung, inwiefern ein Projekt überhaupt gestartet werden soll. Oft wird ein Projekt gestartet, indem Zeit und Budget vorgegeben werden, ein Thema in den Raum geworfen wird, aber ein eindeutiges Projektziel in keiner Weise festgelegt worden ist. Im späteren Verlauf ändern sich die Projektziele und der Umfang womöglich mehrfach, aber die Zeit- und Kostenvorgaben werden konsequent weiter eingefordert.

Den Prozess können Sie sehr gut in Form eines „Start-Up Workshops" durchführen. Gemeinsam mit einigen Personen aus beteiligten Bereichen definieren Sie die Projektziele, den Nutzen, den das Projekt erzielen soll, das Projektmanagementteam und die Projektabnahmekriterien. Wenn Sie diese Punkte erst einmal alle zusammengetragen haben, können Sie sicher entscheiden, ob Sie das Projekt starten wollen oder nicht.

Noch etwas haben Sie erreicht: Sie haben die Grundlage dafür gelegt, dass alle Beteiligten gemeinsam die Projektziele festgelegt haben. Das ist mehr wert als man vielleicht denkt.

Bluesheet und Startup-Box

Aus der Gestaltung von vielen Start-Up Workshops für Projekte unserer Kunden sind mit der Zeit konkrete Werkzeuge entstanden, die wir immer weiter verfeinert haben. Eines davon hat den Namen „Bluesheet" erhalten. Es ist ein Poster, mit dessen Hilfe sukzessive alle in einem Startup-Workshop zu erarbeitenden Informationen gesammelt werden. Eine Weiterentwicklung davon bildet die Startup-Box, die neben dem Bluesheet-Poster alles enthält, was für einen gelungenen Startup-Workshop benötigt wird.

Eine Bluesheet-Vorlage können Sie hier herunterladen:

www.smart-pm.de/start/

Register der offenen Punkte

Die Dynamik im Griff behalten

Sie haben das *Register der offenen Punkte* im Foundationtraining kennengelernt. Sie kennen den Nutzen dieses Instruments. Damit sorgt das Team nämlich dafür, dass jedes unerwartete Ereignis, das den Plan beeinflussen könnte, strukturiert aufgenommen und bewertet wird. Passende Maßnahmen können daraufhin eingeleitet werden. So schafft es das Team, die Dynamik innerhalb eines Projektes im Griff zu behalten. Dieses Register hat den weiteren Vorteil, dass es für die Anwendung kein Gesamtverständnis für PRINCE2 braucht. Die Projektmanager können also ohne großen Wissensaufbau sofort beginnen und eine Ecke in ihrem Projekt aufräumen, in der es oft chaotisch zugeht.

Wenn das klappt, wäre der nächste folgerichtige Schritt, die Ereignisse nach Anliegen/Problem und Änderungsantrag zu unterscheiden.

Dokumentvorlage Register der offenen Punkte

Eine einfache und praxisbewährte Vorlage für ein Register offener Punkte haben wir unter diesem Link hinterlegt:

www.smart-pm.de/rop/

Jour Fixes

Zusammenarbeit stärken

Meetings gehören nach meiner Erfahrung zu den größten Zeitfressern in Projekten. Andererseits sind sie aber auch essenziell für eine echte Teamzusammenarbeit. Schafft der Projektmanager keine Möglichkeit für einen persönlichen Informationsaustausch, besteht die Gefahr, dass die Kommunikation mehr und mehr über Emails läuft und die Projektmitglieder sich als Einzelkämpfer fühlen.

Richten Sie deshalb regelmäßige Jour Fixes ein. Damit sie jedoch nicht zu gefährlichen Zeitfressen werden, sollten die Zielsetzungen über eine klare Agenda manifestiert werden:

- Status aller Arbeitspakete
  - o Fortschrittsgrad
  - o Prognose
  - o Hindernisse
- Vergabe neuer Arbeitspakete
- Neues aus der Projektumgebung
- Risiken und offene Punkte

Weiterhin sollten für die effiziente Durchführung von Jour Fixes Regeln festgelegt werden. Diese könnte ich empfehlen:

- Pünktlicher Beginn
- Pünktliches Ende (Abbruch, auch wenn nicht fertig)
- Teilnehmer füllen die Agenda im Vorfeld mit den Inhalten
- Jedes Thema endet mit einer Entscheidung und/oder einer Aufgabe
- Entscheidungen und Aufgaben werden protokolliert

Stolperfallen

Die PINO-Falle

Der Begriff *PINO (PRINCE2 in name only)* bezeichnet die Situation, in der PRINCE2 vorgegeben wird, sämtliche Dokumente verwendet und ausgefüllt werden, die Methodik aber letztendlich nicht gelebt wird. Die Templates werden zwar ordentlich ausgefüllt, aber keiner liest sie. Es werden zwar Rollenbeschreibungen erstellt, aber keiner hält sich dran. Es werden zwar in der Produktbeschreibung Vorgaben für die Produktprüfung gemacht, aber wenn sie nicht beachtet werden, merkt es auch keiner. Es gibt ein umfangreiches Projektmanagementhandbuch für PRINCE2, aber viele wissen gar nicht, dass es so etwas gibt.

Was kann man dagegen tun?

Führen Sie PRINCE2 nicht ein!

Damit meine ich natürlich nicht, dass alles bisher Gesagte falsch ist. Vielmehr empfehle ich Ihnen, Ihr Vorhaben nicht „Einführung von PRINCE2" zu nennen. Denn das ist nicht Ihr Ziel. Ihr Ziel ist die Optimierung Ihrer Projektarbeit, so oder ähnlich. Also nennen Sie Ihr Vorhaben auch so. Es darf nie der Eindruck, oder noch schlimmer, die Intention entstehen, dass Sie eine Methode um Ihrer selbst einführen. Sie ist Mittel zum Zweck. Belassen Sie PRINCE2 bescheiden im Hintergrund. Oftmals ist es gar nicht nötig, das Kind beim Namen zu nennen. Es reicht, zu sagen, dass dahinter die weltweit verbreitetste Projektmanagementmethode steckt. In vielen Fällen entfachen Sie sogar mit der Hervorhebung von „PRINCE2" eine hitzige Methodendiskussion unter vermeintlichen Projektexperten in Ihrer Organisation. „Warum nehmen wir nicht die Methode xy, aus den

Gründen a,b,c ist sie viel besser geeignet." Die Energie, die in solche Diskussionen führen, können Sie woanders viel besser gebrauchen.

Erst mal ist weniger meistens mehr. Jeder kennt das von Behörden, bei denen man dieselben Informationen oft mehrfach ausfüllen muss. Aber schreiben Sie die wichtigsten Informationen einmal kurz und übersichtlich untereinander, werden die Empfänger sicherlich begeistert sein. Lassen Sie die wöchentlichen Statussitzungen ausfallen, in denen man stets montags und freitags sitzen musste. Erwarten Sie stattdessen knappe, prägnante Statusberichte. Die reichen vollkommen aus. Und sie werden gelesen.

Sicherlich hilft es den Projektmitarbeitern auch, wenn sie einfache, übersichtliche Templates zur Verfügung gestellt bekommen und sich nicht jeder Projektmanager erst seine eigenen Tools entwickeln muss.

Die Toolfalle

Die gängigste Falle, der wir alle erliegen können ist die Toolfalle. Ein Indikator aus unserer COPARGO-Erfahrung: Der häufigste Download auf unserer Website ist der von uns angebotene Templatesatz.

Das Erste, was uns allen oft einfällt, wenn wir ein Problem lösen wollen, ist der Gedanke an ein Tool! "Das könnten wir doch mit einem Formular, einem Workflow oder einem Spreadsheet lösen". Oder es kommt Ihnen in den Sinn, Ihre Projektprobleme mit einer kompletten Softwarelösung in den Griff zu bekommen. Das wird Ihnen meistens nicht gelingen.

Bitte erweitern Sie Ihre Sicht. Die Ursache vieler Probleme liegen vielfach bei uns Menschen, bei den Personen im Projekt und unserem Umgang miteinander. Auch hier haben Sie im PRINCE2-Training viel erfahren. Denken Sie an Stakeholder-Management, an das klare Rollenmodells, an wirkungsvolle Delegation oder Eskalation. Um hier zu einer Lösung zu kommen, müssen uns mit den Menschen beschäftigen. Und manchmal sogar zum Äußersten greifen: miteinander zu reden!

Oft werden wir in unseren Schulungen gefragt, welche Projektmanagement-Tools wir empfehlen. Es gibt mittlerweile unzählige, richtig gute Tools, die die Effizienz der Projektarbeit enorm steigern, einen tollen Workflow und umfangreiche Möglichkeiten zur Dokumentation bieten. Viele der Tools sind auch bereits auf PRINCE2 abgestimmt und nennen sich teilweise sogar PRINCE2-Projektmanagementsoftware.

Die Gefahr besteht jedoch, dass man verleitet ist, die eigenen Projektprozesse an das Tool anzupassen und nicht umgekehrt. Und umgekehrt ist es eben sehr aufwendig und kostspielig. Die große Angebotspalette an Funktionen, die die Tools bieten, kann den Blick auf das Wesentliche, das für unser Projekt benötigt wird, vernebeln. Die Verwendung eines Projektmanagementtools setzt voraus, dass es konkret für die tatsächlichen Projektbedürfnisse angepasst wird und dann auch entsprechend angewandt wird. Dann sind solche Tools extrem hilfreich und effizient.

Die Reihenfolge bei einer Veränderung sollte immer sein:

1. Prozesse
2. Menschen
3. Tools

Also erst, wenn die Menschen ihre Rolle in Prozessen wie angestrebt wahrnehmen, dann kann die Implementierung eines Tools vorgenommen werden. Ein Tool dient dann dem Zweck, die Zusammenarbeit untereinander zu unterstützen und effizienter zu gestalten.

Die Trainingsfalle

Als Trainingsunternehmen können wir diesen Fehler sehr oft live erleben. Wie tritt er typischerweise auf? Der Leiter einer Projektabteilung erkennt, dass es um das Management von Projekten nicht gut bestellt ist. Sein Team hat auch schon eine Methode ausgekuckt, die Abhilfe leisten könnte. So wird er bei der Personalabteilung vorstellig und adressiert den Bedarf einer Schulung in dieser Methode. Dort beginnt man nun den Markt zu sondieren, holt Angebote ein und beauftragt das bestgeeignete Trainingsunternehmen damit, eine Schulung durchzuführen. Dieses Training wird mit einem abschließenden Examen zum Erfolg gebracht.

Wie die Geschichte weitergeht, können Sie sich fast denken. Die Teilnehmer kehren motiviert an ihren Arbeitsplatz zurück und wollen das Erlernte anwenden. Ansatzweise gelingt das auch. Nämlich immer dann, wenn es um Instrumente geht, die nur im eigenen Arbeitsumfeld angewendet werden. An vielen anderen Stellen stoßen sie aber Widerstand und Unverständnis. Nach und nach schwindet der Elan, die Energie wird für andere Probleme im Tagesgeschäft benötigt. Es gibt ja auch keinen Auftrag oder Budget, um sich darum offiziell weiter zu kommen. Zusammenfassend in einem Wort: Strohfeuer!

Wie macht man es nun richtig? Ja, Trainings werden für den Wissensaufbau benötigt. Sie können aber nur ein Bestandteil einer Gesamtmaßnahme sein. Sie müssen in diese Maßnahme eingebettet sein. Im Vorfeld gilt es, die Ziele einer Verbesserungsmaßnahme zu identifizieren und sich einen Weg zurecht zu legen, wie man es angehen wird. Die Trainings sollten so terminiert und organisiert sein, dass die Teilnehmer direkt im Anschluss an das Training ihr erworbenes Wissen auch in ihren Projekten anwenden können. Am besten liegt schon ein Basis-Set an Instrumenten bereits und eine Coaching ist ebenfalls organisiert. So gelingt der Transfer vom Wissen ins TUN.

Übrigens, führen wir bei unseren Kunden nur noch Inhouse-Trainings durch, die in einen Gesamtrahmen eingebettet sind.

Die Heldenfalle

Sobald Sie Ihre Arbeit nicht nur für sich alleine machen, sondern in einem Team die Projektarbeit mitgestalten, dann trifft dieser Ratschlag auf Sie zu: **Versuchen Sie nicht alleine die Projektwelt zu retten**. Denn Projektmanagement funktioniert in hohem Maße über ein organisatorisches System, also ein Team, das aus mehreren Personen besteht. Wenn es im Projekt anders und besser laufen soll, dann müssen Sie weitere Schlüsselpersonen einbinden, insbesondere natürlich die Entscheider. Und dann mit ihnen zusammen die Veränderungen gestalten. Machen Sie Vorschläge, stoßen Sie eine Initiative im ganzen Team an! Sie alleine können meistens nur ein Bruchteil von dem verändern, was ein Team schafft. Andernfalls werden Sie mit großer Wahrscheinlichkeit frustriert sein, dass trotz großem persönlichen Einsatz nur wenig passiert.

Bei allen Stolperfallen gilt: Sie erscheinen auf den ersten logisch und nachvollziehbar. Denn Sie alle sind naheliegende Lösungen, so leicht greifbar und gegenständlich. Gerade das macht sie gefährlich. Auch die Umsetzung ist einfach. Trainings, Tools und Methoden einführen, das schafft man schnell und ohne große Probleme. Meine Darstellungen sollten Ihnen zeigen, dass wir uns keinen Gefallen tun, wenn wir eindimensional vorgehen. Projektarbeit ist eine komplexe Sache, heute mehr denn je. Um komplexe Dingen zu bewältigen, reicht es nicht aus, eine einzelne Maßnahme zu planen und umzusetzen. Wir brauchen die Intelligenz und Zusammenarbeit von einem ganzen Team, das der

Komplexität mit Vielfalt, mit Ausprobieren, mit viel Feedback und mit inkrementellen Schritten begegnet. Das sorgt für echte Verbesserung und für Nachhaltigkeit. Und ganz wichtig: Dieser Weg sorgt für Zufriedenheit und Motivation bei den Projektkollegen.

Ich wünsche Ihnen nun viel Erfolg dabei, Ihr Wissen um die beste Projektmanagementmethode der Welt in eine echte Wirkung in Ihrer Projektumgebung zu transferieren. Und glauben Sie mir: Es kann richtig Spaß machen!

Hier geht unsere PRINCE2 Einführung zu Ende, und die wichtigsten Grundlagen haben Sie jetzt kennen gelernt. Falls Sie nun Appetit auf mehr bekommen haben oder Hilfe bei der Umsetzung brauchen, sind hier ein paar weiterführende Empfehlungen für Sie:

Weiterführende Bücher

· **Grünes Gold - Ein Projektmanager auf der Reise durch sein erstes PRINCE2-Projekt**
  als E-Book kostenfrei auf copargo.de
  als Printversion für 17,90€ bei Amazon erhältlich
· **Erfolgreiche Projekte managen mit PRINCE2**
  das Referenzmanual mit 300 Seiten zum Preis von ca. 85€ bei Amazon erhältlich

Weblinks mit näheren Informationen

· **www.copargo.de/downloads**
  Wertvolle Informationen zu PRINCE2 wie Templates, Onlinetest und Prozessposter
· **www.smart-pm.de/blog**
  Beiträge und News für smartes Projektmanagement, nicht nur PRINCE2
· **www.apmg-international.com**
  Informationen rund um Examen und Trainings für PRINCE2
· **www.bpug-deutschland.de**
  Verein der PRINCE2-Anwender Deutschlands